商店叢書 ⑺⑸

特許連鎖業加盟合約（增訂二版）

謝明威　編著

憲業企管顧問有限公司　　發行

《特許連鎖業加盟合約》增訂二版

序　言

「連鎖經營」可說是本世紀最偉大的商業經營模式之一，作者由於工作緣故，見證了這個偉大的趨勢。

時間飛逝，個人在企管公司講授連鎖店課程已數年！由於產業結構的轉型，商場販賣的出現有如雨後春筍，開店販賣乃至於發展連鎖系統，已成為熱門話題。

特許連鎖加盟少不了加盟合約，加盟合約是連鎖加盟的法律基礎，本書有系統的介紹特許連鎖業加盟合約內容，是連鎖規劃專家和專業律師的成功案例，本書以法律角度詳細解說關鍵點，具體案例說明當中奧妙！

這本《特許連鎖業加盟合約》是針對企業如何擴展連鎖加盟事業所碰到的《加盟合約》，由律師陳漢河、連鎖業專家謝明威雙方配合編寫，謝明威負責最后版的審稿與修飾工作，具體解釋法律條文，純粹以實務眼光，切入介紹合約內各條文所蘊含的重要事項，是特許連鎖企業必備的工具書。

目前，市面上有關特許經營類圖書的數量少，也沒有一套系統、全面介紹商店連鎖經營相關的圖書，本公司出版的商店系列叢書填補了這一空白。

至今，本套商店叢書已經出版了《速食店操作手冊》、《店長操作手冊》、《連鎖店操作手冊》、《如何撰寫連鎖業營運手冊》、《連鎖店督導師手冊》、《如何開創連鎖體系》、《商鋪業績提升技巧》、《商店診斷實務》、《店鋪商品管理手冊》、《連鎖業開店複製流程》………等書籍，得到市場的肯定與認同。

此書之出版，希望能為連鎖業經營者帶來有用之參考建議，使企業茁壯成長，長盛不衰，這是我們最大的欣慰！

2018 年 8 月

《特許連鎖業加盟合約》增訂二版

目　錄

1

正規的連鎖加盟合約包括那些內容

所謂連鎖經營，至少要開設有幾間店，世界各國規定不一，根據中國《商業連鎖加盟管理條例》規定，從事連鎖加盟活動的企業應當至少擁有兩家直營店，並且經營時間超過一年。

一份正規的連鎖加盟合約中至少應包含以下內容：

⑴在合約約定的範圍內，加盟企業賦予了投資的權利；

⑵獲得的經營技術、商業秘密以及經營手冊；

⑶提供開業前的教育和培訓；

⑷指導開店準備；

⑸提供長期的經營指導、培訓和合約規定的物品供應。

一份完善的連鎖加盟合約以及配套的連鎖加盟輔助合約，首先應該詳細規定商標、商號等的使用，合約期限，雙方的權利義務，對加盟店的經營控制，糾紛的解決途徑等內容，應儘量在合約裏事先預見加盟商可能帶來的不利影響，並規定好嚴格的預防、中斷和懲罰措施。這樣既可以明確雙方的權利義務，也是連鎖總部日後用以維護自己權益的有力武器。

特許連鎖經營中的特許人與受許人之間的關係是一種契約關係，而不是僱用關係。維繫雙方的紐帶便是連鎖加盟合約。

根據合約標的不同，連鎖加盟合約可以分為兩類：一類由連鎖加盟總部向受許人提供原材料、半成品或成品，總部主要透過銷售實體商品來賺取利潤。這類合約主要見於商品商標型連鎖加盟中。

另一類由特許人向受許人提供經營管理訣竅和銷售支援，特許人從受許人支付的使用費和其他費用中獲取利潤。這類合約主要見於經營模式型連鎖加盟中。

特許人可以單獨選擇第一類或第二類合約。在許多情況下，特許人同時採用這兩種形式，使其成為一個合約的兩個部份，既包括原材料供應，又包括專有技術和銷售支援的提供，大多數的經營模式型連鎖加盟採用的都是這種混合形式的合約。

連鎖加盟合約

特許人：C連鎖有限公司(以下稱「甲方」)

受許人：____________________________(以下稱「乙方」)

前言：

⑴乙方認可甲方是C產品、知識產權及相關的經營模式的合法所有者。

⑵甲乙雙方均為依法律成立的企業或自然人，能獨立承擔責任、履行義務、享有權利。

⑶甲乙雙方在平等互利、意思表示真實的前提下，經認真探討，協商一致，為促進共同發展，根據等有關法律、法規、規章的規定，現就甲方將C的連鎖加盟權直接許可乙方一事，達成如下協定。

⑷本協定中使用的小標題，均為方便理解而使用，不具有法律上的約束力。

1. 釋義

除本合約文意(包括前言)另有需要，下列各詞應有如下含義：C 產品由甲方統一配送，包括甲方自行設計、開發、生產產品及甲方取得行銷權的產品。

C 知識產權屬甲方所有，乙方有權在本合約授權範圍內合理使用，包括但不限於 C 商標、商號、專利、外觀設計、CIS 系統等所有經營技術。

宣傳推廣用品由甲方提供，包括但不限於吊旗、吊畫、海報、特價牌、購物膠袋等。

2. 特許授權

2.1 甲方特許乙方在____省____市____區____街____號開設 C 連鎖店，專門銷售甲方統一配送的 C 產品。

2.2 甲方將其所有的 C 商標、產品及相關的經營模式以本連鎖加盟合約的形式授予乙方使用，乙方須按本合約的規定，在甲方統一的業務模式下從事 C 的經營活動。

2.3 甲方將連鎖加盟權以直接許可的形式授予乙方，乙方不得向任何第三方轉讓特許權。

3. 經營方式

3.1 乙方必須在本合約簽訂之日起____天內，即在______年____月____日前以其名義在當地工商局、稅務局辦理相關的工商稅務登記手續，自籌資金設立 C 連鎖店，並以此作為最終獲得 C 連鎖加盟權的前提。

3.2 連鎖店內的電腦硬體及軟體按甲方管理系統的需要由甲方代乙方購置，此項費用合計______元。

3.3 乙方在經營期間必須自我投入、自主經營，自負盈虧。乙方合法享有連鎖店的全部經營權利和義務，並承擔經營期間所發生的一切債權、債務。甲方對此無須承擔任何責任。

3.4 乙方在經營期間只能經營甲方提供並許可其經營的 C 產品，不能經營其他任何產品。

3.5 乙方在連鎖經營時必須明碼實價，按甲方所制定的統一價格銷售。

4. 甲方權利和義務

4.1 甲方權利

4.1.1 甲方及其指定的管理機構有權根據市場的情況對乙方的貨物進行適當的調配；

4.1.2 甲方及其指定的管理機構有權對乙方的營業狀況、財務報表、貨品銷售、庫存等情況進行檢查、核對；

4.1.3 在本合約履行期間，如因乙方違約造成甲方或其指定的管理機構損失和企業形象的損壞，甲方有權視情況在合約保證金中扣除一定金額作為處罰，並有權要求乙方賠償損失；

4.1.4 乙方如違反本合約的基本權利和義務、不按期支付貨款以及給甲方及其指定的管理機構造成企業形象重大破壞，甲方有權單方面終止合約。

4.2 甲方義務

4.2.1 負責 C 的原材料採購、產品設計、開發和生產，並負責依約向乙方提供 C 產品；

4.2.2 提供乙方成立 C 連鎖店時需由特許方即甲方出具的有關證明文件；

4.2.3 甲方指定的管理機構向乙方提供C連鎖經營專業培訓(包括營運管理、店務管理、財務管理、陳列推廣、電腦操作等)；

4.2.4 負責乙方的鋪面設計，並在乙方開店前指定當地的管理機構負責向乙方贈送一定數量的宣傳推廣用品(包括吊旗、吊畫、海報、特價牌及購物膠袋等)，贈品的數量由甲方指定的當地管理機構根據乙方鋪面的具體情況來定；

4.2.5 負責制定和修改C連鎖店的經營手冊、經營守則；

4.2.6 負責在一定的範圍內維護乙方的獨家經營權。

5. 乙方的權利和義務

5.1 乙方權利

5.1.1 有權依合約的要求向甲方訂購許可其經營的C產品，並在合約約定之地址開展經營業務，本合約另有規定的除外；

5.1.2 有權擁有連鎖店對外經營過程中產生的一切權益；

5.1.3 負責連鎖店的人員招聘、業務管理及對外銷售；

5.1.4 有權對甲方指定的管理機構員工不負責任而造成乙方嚴重缺貨、影響乙方的銷售之行為進行投訴，並有權要求及時給予圓滿答覆；

5.1.5 有權參加甲方舉辦的全國性活動。

5.2 乙方義務

5.2.1 及時向甲方給付貨款；

5.2.2 按C的統一形象要求，嚴格按甲方提供的設計圖紙施工(或由甲方指定的裝修公司進行店鋪裝潢)，並負責裝修費用，按設計要求購買甲方統一訂制的貨架、標誌、牌匾、燈箱架等輔助材料；

5.2.3 確保連鎖店工商、稅務等有關部門證照的合法性與完整性。以保證連鎖店經營業務的合法正常開展；

5.2.4 在連鎖店內只能按甲方規定的統一價格經營銷售甲方許可的 C 產品，不得經營其他任何產品，如因特殊情況需調整產品價格的。需向甲方指定的管理機構書面申請，並得到甲方的批准後方可實施；

5.2.5 甲方指定的管理機構提供的 C 產品經驗收後，乙方應妥善保管，並負責驗收後的產品品質及所銷售產品的售後服務；

5.2.6 派專人管理貨物並應甲方及其指定管理機構的要求及時提供相關數據；

5.2.7 對 C 網上商店有推廣宣傳的義務，對經營區域內的網上客戶有提供服務的義務，並獲取協定利潤；

5.2.8 積極參與甲方安排的統一促銷活動及其他活動；

5.2.9 在知悉任何第三方可能侵犯甲方對 C 所擁有的權益，或有關 C 產品及經營所發生或可能發生的任何爭議、訴訟、仲裁等，均有義務立即以書面形式通知甲方。

6. 連鎖加盟費用

乙方在本合約簽訂時一次性以現金或匯票形式向甲方指定帳戶支付連鎖加盟費________元，合約保證金________元，合計__________元。

7. 貨物配送、調換及運輸

7.1 甲方以進貨價按每平方米______元至______元的金額向乙方連鎖店提供首次配貨量。

7.2 甲方指定的管理機構根據乙方的市場情況統一配貨，在開業個＿＿月內某種銷量不超過該品種進貨總量的＿＿％，乙方可向甲方指定的管理機構提出書面申請，經甲方確認申請調換的貨物保存完好，並由甲方審批後給予一定比例的調換。

7.3 開店之日。乙方應提前＿＿天將款項匯至甲方指定帳戶，甲方在收到款項後，組織發貨；開店之後，乙方要求甲方發貨前，將貨款匯至甲方指定帳戶，甲方在確認收到乙方貨款後，安排發貨；乙方到甲方指定的當地管理機構所屬倉庫提貨，每次配貨週期不少於＿＿＿＿天。

8. 承諾及保證

8.1 甲方對＿＿＿＿連鎖店的商標、商號、CIS 系統所有經營技術等資產擁有所有權，乙方無權作任何處置。

8.2 乙方對甲方向其提供的專利、商標、專有技術、經營模式、管理經驗等有形、無形的資產負有保密的義務，未經甲方書面許可，不得以任何形式向第三方洩露。否則，甲方有權追究乙方的違約責任，並要求乙方賠償損失。

9. 違約責任

9.1 合約履行期間，乙方應依約向甲方支付貨款。如乙方逾期向甲方及其指定的當地管理機構支付貨款，每逾期一天，乙方按應交而未交總額的千分之＿＿向甲方支付違約金；逾期一個月仍未付清，甲方及其指定的管理機構有權單方面終止本合約，並追回貨款。

9.2 合約履行期間，甲方在收到乙方貨款後，應依約向乙方發放貨物。否則，按上述條款同等執行。

10.不可抗力

10.1 任何一方對於因發生不可抗力且自身無過錯造成的延遲或不能履行合約均不負責任。但必須採取一切必要的措施以減少造成的損失。

10.2 遇有不可抗力，應在事件發生的______小時內將事件的情況以信件、電報或傳真的形式通知另一方，並在事件發生的_____日內，向另一方提交合約不能履行或部份不能履行及需要履行理由的報告。

11.司法管轄及爭議解決

11.1 本合約適用法律，受其法院管轄並按法律執行及解釋。

11.2 若執行該意向書發生爭議，先由爭議雙方協商解決，協商不成，任何一方可向合約簽訂地的法院提起訴訟。

12.一般條款

12.1 本合約的簽訂地為甲方所在地。

12.2 本合約一式兩份，雙方各執一份，經雙方簽署後即時生效。

12.3 本合約未經雙方書面同意不得修改。本合約未盡事宜，雙方可另行協商，簽訂補充協定作為附件；本合約的附件與合約具有同等法律效力。

12.4 本合約的有效期為年，從____年___月___日至____年___月____日。期滿後，在同等條件下，乙方有權優先續約。

甲方(特許人)：C連鎖有限公司

地址：＿＿＿＿＿＿＿＿＿＿＿＿＿＿

法定代表人：＿＿＿＿＿＿＿＿＿＿

代表簽字：＿＿＿＿＿＿＿＿＿＿＿

電話：＿＿＿＿＿　傳真：＿＿＿＿＿　郵編：＿＿＿＿＿

開戶銀行：＿＿＿＿＿＿＿＿＿＿＿　帳號：＿＿＿＿＿

簽約時間：＿＿＿年＿＿月＿＿日

乙方(受許人)：＿＿＿＿＿＿＿＿

地址：＿＿＿＿＿＿＿＿＿＿＿＿＿

法定代表人：＿＿＿＿＿＿＿＿＿

代表簽字：＿＿＿＿＿＿＿＿＿＿

電話：＿＿＿＿＿　傳真：＿＿＿＿＿　郵編：＿＿＿＿＿

開戶銀行：＿＿＿＿＿＿＿＿＿＿＿　帳號：＿＿＿＿＿

簽約時間：＿＿＿年＿＿月＿＿日

心得欄 ------------------------------------

2

特許連鎖的經營通告(UFOC)

特許人企業應在正式簽約前，以書面形式向特許申請者提供真實的有關特許經營的基本信息資料。這些資料應當包括：

· 特許人的企業名稱、基本情況、經營業績。

· 所屬受許人的經營情況。

· 已經實踐證明的特許網點投資預算表。

· 特許經營權費及各種費用的收取方法。

· 提供各種物品及供應貨物的條件和限制等。

在國際上，這些信息資料被稱為特許人向潛在受許人提供的「特許經營通告」(英文縮寫 UFOC)。

以下所錄是美國聯邦行業委員會修訂並通行於北美地區的一份標準 UFOC 文件內容介紹。

第一條：特許人，其前任及分支機構

在這一部份，特許人提供有關公司和授予的特許經營的情況。在這一條中，特許人必須透露以下信息：

· 特許人及其前任是誰，其分支機構的名稱；

· 特許人以誰的名稱經營公司；

· 特許人的地址；

· 特許人公司的狀況或特許人公司的類型(合夥人還是其他)；

· 特許人的經營和授予的特許經營類型；

· 特許人、前任及其分支機構的重要經營經歷。

第二條：經營經驗

從這一部份，受許人可以瞭解特許人及其官員、董事和總裁的個人及專業方面的情況，它告訴你，你將與誰一道做生意。

第三條：訴訟

在 UFOC 中，你不可能得到特許人或特許人管理所涉及的全部訴訟情況。規定要求，只透露特許人及其管理所涉及的相關的以往犯罪和民事訴訟。

第四條：破產

有時特許人或他們的管理成員曾有破產經歷，這是受許人需要瞭解的重要情況。因為它會讓你瞭解你所要與之建立關係的人與公司，是否有破產的可能。在這一條中，你可以發現這方面的信息。

第五條：特許經營首付費

第五條為你提供你需向特許人支付的首期費用的情況，它介紹了在開業前你須向特許人支付的費用，還介紹了該費用是否對所有受許人都是統一要求的及決定費用額度的因素。

第六條：其他費用

本條描述了受許人發生的所有其他費用，包括：

· 授權使用費：因為加盟特許人的系統，受許人向特許人支付的持續費用；

· 受許人將向系統廣告支付的資助費；

· 受許人參與任何當地或地區廣告項目合作的要求；

· 特許人可能收取的附加培訓費；

· 由於特許人提供的服務或其他利益，受許人必須支付的附加費用；

· 當受許人將公司出售給其他受許人時，受許人須向特許人支付的轉讓費；

· 如果特許人對受許人的書籍、光碟和受許人向特許人提供的信息進行審查，且發現問題時，受許人不得不向特許人支付的審查費；

· 在受許人協議截止，須續定關係時，特許人收取的續定費。

請注意，我們沒有說「續訂特許經營協議」，這是因為特許人通常要在原來的基礎上對特許經營協議做一些修改。為了續訂關係，受許人常常被要求簽訂當時最新的協定，就對原協定進行變更。

第七條：初期投資

第七條是項目表格形式，其項目包括創辦特許經營時，受許人必須發生的所有費用。除了列出受許人必須為創建營業店投資的費用，特許人還指出了支付方式，到期向誰支付，是否可償還以及是否為資助。初期投資通常包括：

· 特許經營首付費；

· 不動產及其改建者；

· 設備及固定裝置費；

· 其他固定財產費；

· 裝潢費；

· 標牌費；

· 保險押金，公用事業押金，營業執照等費用；

· 開業所需的各種雜費；

・ 開業存貨費；

・ 初期廣告費；

・ 專業費；

・ 受許人初期的營業資金；

・ 初期投資總額。

第七條對項目包括的初期費用在大量的註釋中，還為未來的受許人提供了附加註釋。認真閱讀這些註釋，可以使你能更全面地理解和認識你的初期投資，確保你理解註釋的內容。

第八條：對商品和服務來源管道的限制

特許人可能對受許人就公司的採購項目和管道進行限制。作出限制的理由有很多，包括保證一致性和品質。受許人必須向特許人或特許人批准的供應商購買或租借產品和服務。特許人還可能對所有商品、服務、供應、固定裝置、設備、存貨、電腦硬軟體以及受許人公司採用的其他項目，提出具體規範要求。特許人通常有權批准或否定供應商，或對受許人採用的產品和服務規格作出更改。

第九條：特許受許人的義務

第九條提供指出了受許人在那裏能找到特許經營協議中他們同意的義務、列表的形式以及提出的受許人義務，指出了在 UFOC 中那一部份中能找到以及在特許經營協議那一部份可以找到。這一條中沒有對義務的細節進行討論，因為並不是所有經營系統中的受許人都有同樣的義務，這些義務中可能有以下幾種：

・ 店址選擇和獲得的費用；

・ 開業前採購和租借；

・ 店址開發和其他開業前的要求；

- 為受許人提供他們必須參加的初期和持續的培訓；
- 開業要求：通常提出受許人在多長的期間內必須開業經營；
- 受許人同意支付的費用；
- 與營業手冊和其他方面規定的系統標準和政策保持一致的要求；
- 特許人提供的商標和專利信息；
- 對受許人出售的商品/服務的限制；
- 擔保和顧客服務要求；
- 受許人必須達到的銷售額和邊界開發；
- 持續的商品/服務採購；
- 維護、外觀和改造要求；
- 保險要求；
- 廣告要求；
- 賠償：本部份表達了特許人和受許人就損失、損壞和由另一方引起的傷害進行索賠的義務或責任；
- 所有者在運作、管理和為營業店招聘僱員時的參與；
- 受許人必須保持的記載和必須向特許人提交的報告；
- 特許人的檢查和審查權；
- 轉讓要求；
- 續約要求；
- 退出特許經營系統之後，受許人的協議終後義務；
- 對受許人進入類似而非分支機構經營的非競爭契約進行的限制；
- 特許人與受許人採用的解決爭端的方法；

· 受許人的其他義務。

第十條：可能的資助有些特許經營系統對受許人提供資助，對特許人直接或間接資助的條件進行了介紹。

第十一條：特許人的義務

投資一項特許經營時，你希望得到特許人的某些服務，每項特許經營系統都向受許人提供不同的服務，你瞭解能夠得到何種服務至關重要。本部份包括：

· 在特許經營開業以前和以後，特許人對受許人的義務；
· 特許人為特許經營選址採用的方法；
· 簽署特許經營授權協定和開業之間的期限；
· 特許人的培訓計劃，包括培訓的持續時間和概況，講師經驗，收費，誰負責支付旅行和住宿費用，培訓是否為強制性的，以及是否有附加的培訓和/或進修課程要求。
· 特許人的廣告計劃，包括採用的媒介，誰為廣告創意，廣告資金的具體用途，包括向特許人或分機構的支付，以及是否不同的受許人支付不同的費用；
· 特許經營採用的電腦或電子收銀機；
· 特許人手冊的項目內容，特許人須要求潛在受許人在購買特許經營之前閱讀的手冊。

第十二條：商標

本部份提供了特許人商標、服務品牌和品名的情況。

第十三條：專利、版權和所有權

本部份為受許人提供了所有特許人的專利或版權以及受許人如何採用信息。

第十四條：參與特許經營公司具體運作的義務

有些特許經營系統要求受許人把所有時間都投入到公司的經營中去，有些則允許由經過特許人培訓的經理管理。不同的特許人對受許人參與公司實際運營的義務有不同的要求。

第十五條：對受許人銷售的限制

第八條談到了特許人對受許人的供應商和商品規格有所限制，這一條談的是對受許人賣給顧客的商品和服務的限制。

第十六條：續約、終止、轉讓和爭端解決

本條以項目表的形式，就協議的條件向受許人作了介紹，信息包括：

· 協議草簽期間；

· 續約期間；

· 特許人或受許人終止協議的理由和修復期(修復期是受許人解決問題的期間)；

· 協議終止之後，各方的義務；

· 特許人或受許人協議轉讓或委託給第三方或公司的權力；

· 特許人購買受許人公司的權力；

· 協定期中和期後特許經營系統的競爭限制；

· 修訂特許經營協定的規定——通常協定只能書面修訂；

· 特許人之間解決爭端的方法——訴訟、仲裁和調解；

· 約束合約的州和法律。

第十七條：公眾人物

如果特許人在特許經營系統的名稱或象徵中使用公眾人物的名字，特許人應支付多少費用，該人士在特許經營系統的管理中如

何參與，以及他對特許人的投資情況如何。

第十八條：收入承諾

對於受許人，這是最重要的一部份，如果特許人提供受許人估算公司收入的有關信息，則需要在這一部份介紹，它包括特許經營或非特許經營店的實際或可能的銷售量、費用及利潤。

第十九條：特許經營分店目錄

本部份介紹了系統中運作的營業店的情況，包括：

· 各特許經營和公司所有營業店的數目；受許人的姓名、位址和電話；

· 下一年度出售的特許經營數目估算；

· 轉讓、取消或終止的特許經營數目；

· 特許人沒有續約或重新回收的特許經營數目；

· 已經停止運營的特許經營數目。

另外，特許人必須為你提供如下情況，終止、取消或沒有續約的受許人的姓名、最新位址和電話，或在過去一年中，不再從事這項經營的人員的姓名、位址和電話。

第二十條：財務報告

特許人必須提交最近三年的財務審計報告，如果特許人從事這一行業不足三年，可提交相對短期的報告。

第二十一條：為你提供了受許人必須簽署的特許經營協定或授權協定和其他各種相關的協定，這些協定必須附在 UFOC 中。

第二十二條：收據

收到 UFOC，你必須簽收單據，第二十三條提交了兩份收據。

3

連鎖加盟合約的基本原則

合約基本原則包括：要平等，雙方自願，誠實簽約，遵守法律、尊重社會公德、不得損害社會公共利益的原則。連鎖加盟合約同樣屬於合約法調整的範圍，需要遵守合約法的基本原則，其中，公平原則和誠實信用原則，是連鎖加盟合約最重要的基本原則。

平等原則是指在合約的訂立和履行過程中，要以公平觀念來調整合約當事人之間的權利義務關係。在合約法中，公平原則要求合約當事人應本著公平的觀念訂立和履行合約，正當行使合約權利和履行合約義務，兼顧他人的利益。

在連鎖加盟合約中，特許人是居於主導地位，特許人一般都要求受許人簽訂其制定的標準格式合約，不允許進行任何形式的修改或不允許進行實質性的修改。如何在連鎖加盟合約訂立、履行及合約解釋的過程中，遵循公平原則，對特許人而言是十分重要的事情。

在連鎖加盟合約中，特許人享有收取加盟費、使用費的權利，相應負有許可受許人使用知識產權、傳授經營管理訣竅、提供支援等義務。特許人的義務就是受許人的權利，只有特許人較好地履行了其義務，受許人的加盟才有成功的保障。如果特許人只重視自己的權利，只關注收取加盟費用，而忽視應當承擔的義務，對於經常處於弱勢的受許人來說，獲得成功的可能性將大為降低。特許人違背公平原則的做法，必將損害連鎖加盟系統的整體利益。總之，只有真正貫徹執行公平原則，才能保障連鎖加盟系統的持續健康發展，實現「雙贏」的格局。

誠實信用原則是指民事主體在從事民事活動中應該誠實、守信用。合約當事人在訂立合約時要誠實，不得有欺詐行為。在履行合約時，要守信用，自覺履行合約。誠實信用原則對連鎖加盟合約具有重要的作用。只有當事人依照誠實信用原則披露有關的資訊，履行合約規定的義務，才能建立起雙方相互信任的合作關係，共同維護連鎖加盟系統的利益。雙方缺乏信任，互相猜疑，甚至互相欺騙，終究會被揭穿。俗話說：騙得了一時，騙不了一世。沒有誠信的合作遲早是要破裂的，到頭來是竹籃打水一場空，使特許人和受許人雙方的利益受到損害。

在連鎖加盟合約中強調公平原則和誠實信用原則，以及在公平和誠實信用的原則下，認識雙方之間的矛盾和分歧，通過協商的方式解決爭議，對連鎖加盟合約的訂立與履行具有重要意義。對此，特許人尤其要有清楚的認識，並自覺地遵照執行，發揮主導作用。

應該說，只要特許連鎖加盟存在，就有連鎖加盟合約，連鎖加盟是靠正式合約來維繫的。那麼為什麼要訂立連鎖加盟合約呢？

為了獲得特許人提供的商品——服務系列技術。受許人的經營並不是簡單地使用總部的商標，而是要使用一整套商品——服務系列技術。這一套技術，從統一的商標、統一的設計到具體的銷售服務，包括整個系列的技術內容，有些技術性強的還包括部份專利技術成分在內。這一技術內容在開發過程中花費了大量的人力、財力、物力，是受法律保護的，無法輕易獲得，不能隨意使用，必須透過合約進行有償授權。只有明確了雙方的責任和義務，方可經營。例如，刻意模仿可能能開一家類似麥當勞、肯德基的速食店，但麥當勞和肯德基的商標、影響和特殊風味這些獨具特色的東西卻是學不出來的。不加入該特許體系，就無法得到期望獲得的利益。

特許關係的特殊性要求依靠合約維護各自的利益。對總部而言，授權的內容是整個特許體系的生命。不僅開發這樣一套東西絕非易事，特許體系的發展壯大也全賴於此。因此，如何保護這套商品——服務系列的形象，就成為一個至關重要的問題。如果缺乏必要的約束，一旦一家受許人砸了這塊牌子，整個特許體系的發展就會嚴重受挫。

對受許人而言，一旦進入了特許體系，其發展的命運就交給了特許體系。特許體系經營狀況好、發展健康，受許人的狀況也會好；特許體系出現問題，受許人也會受影響，雙方已成為命運共同體。更令受許人擔心的還有總部收取多少報酬，各種商品、材料、物品能否及時提供以及經營管理指導方面能否有保證等等。為了維護自身權益，也需要某種約束手段來加以保障。

合約就是一種維護自身權益的基本方式，無論總部還是加盟者都有這方面的需要。

連鎖加盟是一種推廣型的方式。連鎖加盟是一種同資本所有者的結合，發展過程為一個由點及面的軌跡，統一是其顯著特徵。在發展過程中，特許人不可能與不同的受許人保持不同的關係，必須制定統一政策，作通盤考慮才便於發展和管理。這也決定了特許人必須開發出一套合約文本，以此來確定與各受許人的關係。

4

特許連鎖加盟經營許可的權利

連鎖加盟權是特許人根據其商業實踐而開發的一項組合權利，在商業上表現為一種經營模式，從法律角度來看，是法律所保護的知識產權的組合，其內容包括：商標權、商號權、專利權、著作權及商業秘密的權利等。根據其權利內容的不同，可以分為特許識別權、特許銷售權、特許技術權、特許管理權。連鎖加盟權是上述四項權能的組合，但不同的連鎖加盟系統，連鎖加盟權的組合內容是不同的。

特許連鎖加盟合約應當將連鎖加盟權的內容，也就是許可受許人使用的權利予以詳細的界定。總部許可分部使用的權利是非常廣泛、全面的，只有分部系統地獲得連鎖加盟權的授權，分部才能擔當起在本區域內作為「特許人」的責任。但是，這並不是說總部就一定要將與連鎖加盟系統有關的所有權利都許可分部使用。通常，總部會對一些權利進行保留，例如：總部一般不會將特別重要的專有技術(獨特的產品配方)納入連鎖加盟權的範疇，而只是向受許人提供該配方製造的產品，供受許人進行銷售或使用，也就是將特許銷售權納入連鎖加盟權而不是特許技術權，這樣安排是很有必要的。

作為連鎖加盟的核心內容，有必要將連鎖加盟權的內容在連鎖加盟合約中表述清楚，以避免產生任何誤解。如果連鎖加盟系統涉及的知識產權較多，需要作出比較詳細的規定，可以在連鎖加盟合約中專章規定，或同時簽訂獨立的許可使用合約。

連鎖加盟權的使用方式不外乎三種方式，

⑴設立直接投資(全資或控股)的直營店；

⑵許可加盟商設立加盟店；

⑶以分銷連鎖加盟的產品。

即許可分部開辦直營店，或許可分部開辦加盟店，或以其他商業形式使用連鎖加盟權。

許可分部在特許區域內全部以直營店的方式設立分銷機構，如果分部具有足夠的資金投入，可以迅速地建立起該區域內的連鎖加盟系統。但是，一個由直營店構成的直營式區域連鎖加盟系統，存在一些弊端。從管理上說，分部與直營店之間不再是連鎖加盟的關係，在一定程度上背離了連鎖加盟的初衷；同時，一個完全受控於分部的直營式連鎖加盟系統，對總部的事業也是一種潛在的威脅。當分部有足夠的理由認為可以獨立經營時，其脫離總部的可能性將大大增加。分部為了免于向總部交納費用，或者為了不受總部控制建立自己的連鎖加盟系統，將可能冒違約的風險而終止與總部的合約關係等。一旦發生這種情形，雖然總部可以追究分部的違約責任，但對總部的損失也是巨大的，總部將喪失在該區域內的全部分銷機構，一切得從頭開始。

許可分部以加盟店的方式設立分銷機構，是最常見的方式。分部與加盟店之間相互制約的關係，有利於連鎖加盟系統在區域內的發展，也可以避免前述的風險，分部要和全部加盟店一起脫離總部的可能性是很小的。通常，分部至少應當開辦一家或數家試營店，以進一步檢驗總部的經營模式在區域內的經營效果，並適當地對系統作出改進。

以特許店以外的其他商業形式分銷連鎖加盟範圍內的產品，也是連鎖加盟權的一種使用方式。例如，通過郵購、直銷、零售商店銷售產品以及互聯網銷售，都可以更有效地佔領市場。總部可以自己通過這些管道分銷產品，但這可能導致總部與分部及加盟店之間的利益衝突，總部的分銷搶佔了部份本應屬於分部及加盟店的市場佔有率。總部可以許可分部通過其他分銷管道分銷產品，也可以與分部共同出資成立一家合資公司實施分銷。

心得欄 ------------------------------

5

連鎖加盟合約的擬訂

連鎖加盟合約一般都採用附合合約(contract of adhesion)，或稱標準合約(standard contract)。

所謂附合合約是指西方國家的一些大公司在進行交易時，往往不與對方逐項磋商合約的條款，而是事先印備了一套合約，若對方簽字，合約即告成立。連鎖加盟的附合合約是由特許人聘請律師精心擬制的，他們千方百計在合約中擴大特許人的權利，加重受許人的義務。在早期的連鎖加盟中，西方國家的法院片面地奉行「契約自由」的原則，對不公正的連鎖加盟合約以及由此對受許人造成的嚴重的損失聽而不聞、視而不見。某些法學或法律界學者同情受許人的處境，但也束手無策。這種狀況反映了過去的一些法律原則已不能完全適應連鎖加盟的貿易方式。例如上面講到的「契約自由」以及合約法的原則等，就不能為在連鎖加盟業務中遭受大量損失的受許人提供必要的法律上的救濟。

目前，大多數西方國家尚未對連鎖加盟制定單行法，雙方當事人的權利與義務的規定仍以特許人的附合合約為準。由於雙方當事人力量懸殊，特許人實力雄厚，而受許人財單力薄，因此受許人不具備與特許人討價還價的能力與力量。即便連鎖加盟的合約條款不公平合理，受許人的唯一選擇是：或者照此簽訂合約，或者根本不訂合約。特許人也很少同意修正合約的內容。另外，連鎖加盟合約內容廣泛，有的甚至長達幾十頁，涉及各種法律問題，這也給潛在受許人審查合約帶來了一定的困難。

總之，根據西方連鎖加盟的實踐，受許人往往會喪失正當的權利，其預期的目的往往不能實現，而且不能得到法院的合理保護。然而，隨著連鎖加盟的發展以及眾多受許人的申訴和反抗，各國政府先後頒佈了一些法律來保護各國的小商人、個體業主的地位。隨著一些國家對連鎖加盟中某些已經確定了的法律原則的立法並以此作為調節雙方當事人利益的準繩，受許人的合法權益不斷得到保護。

因此，特許人擬定連鎖加盟合約時要保持公正的態度，充分考慮國家的有關法律法規的規定，照顧到受許人的合法權益，使合約公正合理，能夠滿足雙人當事人的預期目的。

1. 擬訂連鎖加盟合約的原則

⑴應確保特許人的各種產權(有形及無形的)受到法律的保護。也就是說，在擬訂連鎖加盟合約時，應當將特許人所要許可給他人的內容完整、準確地寫進去，定義明確，不能模棱兩可。

⑵應列明受許人應做到的所有運作細節及特許人的監管權。

⑶應保障受許人的業務能健康發展。即特許人應保證不在受許人的營業商圈內另外許可他人經營，並對受許人進行經常性的業務指導，以使得受許人的收入不斷提高。

2. 連鎖加盟合約的當事人

連鎖加盟合約的當事人主要包括以下三種類型：

⑴擁有連鎖加盟權的一方，即特許人，在合約中也稱為轉讓

方、許可方、持權人。

⑵區域性連鎖加盟權持有人，這一類當事人對特許人進行跨地區跨國連鎖加盟是很重要的。例如，日本的「7-11」便利店總部、在香港的麥當勞中國發展公司都屬於此類。他們對於特許總部來說是特許權受讓人，而對於它所代理的地區則是特許權的持有人，即轉讓方。

⑶接受連鎖加盟權的一方，即受許人，或被特許人。

3.連鎖加盟合約的客體

連鎖加盟合約的客體就是特許人轉讓給受許人的商標、專利、營業指南、管理軟體等無形資產及部份有形資產(如特許體系的專用設備，包裝物，各種統一的表格、信箋紙等)的使用權。

4.連鎖加盟合約的特殊性條款

連鎖加盟合約的擬訂應著眼於特殊性條款。正是由於這些特殊性條款，連鎖加盟涉及的法律問題與其他經營方式才有所不同。

⑴經營模式、專利和專有技術

這是特許人給予受許人最有價值的東西，內容包括：原材料配方、生產或服務流程、品質控制、包裝、運輸、存貨控制、廣告、促銷、公共關係、店堂設計、裝潢、產品款式設計、管理方法等。合約應對上述內容的提供做出明確的規定。

⑵品牌、商標和服務標記及其他商業符號

連鎖加盟系統成功的標誌是由品牌與商標所代表的統一的形象，它表明每一個受許人都是某一統一體的一部份。受許人對商標及其他標誌的正確運用，對於在市場上建立和維護產品的統一形象具有極其重要的意義。因此，合約中應當對商標的使用做出嚴格的

規定，指明特許人是商標的所有者，應為受許人提供合理使用商標的詳細說明，並規定商標的用法需得到特許人的事先批准。

⑶指導和培訓

傳授經營模式和專有技術可以透過兩種方式：一是公開規程、說明書、圖樣、樣品、圖片資料等；二是指導和培訓。

合約應當規定特許方所提供的指導和培訓的範圍、費用和內容。範圍包括培訓日期、次數、人數和時間。費用可能涉及差旅費、住宿費、伙食費、薪資、補貼等，合約應明確規定由那一方來負擔這些費用。培訓內容中應列明培訓的項目。例如，對受許人經營選址、裝修設計和創業所需其他活動，特許人給予全面的指導幫助，協助受許人做好開業準備；特許人在合約有效期內，密切關注受許人運營狀況，並給予必要的指導和幫助，促進受許人發展等等。

⑷區域限制

連鎖加盟的授權通常都會有區域的限制，特別是在產品的批發經銷方面。為了維護正常經營秩序，特許人都會對受許人的經營地區範圍進行限制。這些條款可能規定：

①特許人授予受許人區域獨佔權，即在該區域內不再指定其他受許人或特許人經營自己的業務；

②特許人不得將其製造的產品或其商標授予受許人所在區域的第二方使用；

③受許人不得去合約規定的場所之外進行營業活動；

④受許人不得去授權區域外吸引顧客，但可以為主動前來的區域外顧客提供服務。

⑸限制競爭

國際連鎖加盟合約大多規定受許人在加盟合約存續期間及在合約解除後的一段時間內，受許人不得再另外單獨從事與特許分店業務或與整個特許體系產生競爭的類似業務，除非有特許分店授權。這一條款對保障特許人的特許體系在市場競爭中的地位是很重要的，但對受許人來說則要慎重考慮，是否能放棄過去經營的類似業務，全身心投入特許事業中去。

⑹受許人的轉讓和回購

即當受許人不想繼續經營下去，是否可以將整個店鋪出讓的規定。許多特許人禁止受許人未經特許人書面批准的情況下轉讓特許業務，但一般都允許轉讓給受許人的直系親屬、合夥人或股東。特許人可以制定未來受許人的標準，包括個人品質、商業背景、財務能力、管理水準等。有些合約規定如果受許人願意出讓，特許人有權回購加盟店。在連鎖加盟實踐中，特許人回購加盟店的情況時有發生。特別是在受許人經營虧損的情況下，特許人常用回購的方法將其加盟店收回自營，這樣一方面可以減少受許人的損失，一方面又可增加總店直接收取利潤的範圍。

⑺關於連鎖加盟中的合約第三方

儘管基本的合約關係存在於特許人和受許人之間，但合約中還要涉及不是合約當事人的其他兩方。第一方是整個特許網路內的其他受許人，第二方是社會公眾，或說是消費者。特許人和受許人都對這兩方負有相當的責任，原因在於：體系內的每個受許人都會受到其他受許人經營好壞的影響。如果某一位受許人的經營方式與特許人的品牌或形象相聯繫的標準不一致，則將破壞它們的聲譽，從而給其他受許人的經營帶來危害。因此每個受許人都有責任維護整個體系的完整性及統一性。

從消費者的角度來看，他很可能不知道一家分店是不是連鎖店，他只關心其品牌印象。消費者會經常去他光顧過並覺得滿意的分店，他會把該分店當作一個大網路的分支。如果有一位受許人經營不善，消費者不可能想到，這只不過是很多特許店中的一家不大走運的受許人出了點兒問題。消費者關心的是，他走進任何一家分店，都能享受到相同標準的產品和服務。因此，受許人負有很大責任去維持這種標準，保證消費者不被誤導。

⑻商品或原材料採購

特許人通常規定受許人只能向特許人購買規定的商品或原材料，這樣規定的目的主要有兩個：一是透過向受許人出售商品或原材料獲取利潤；二是以此控制受許人的經營活動，並保證向市場提供的商品或服務的品質，從而樹立連鎖加盟良好的商業形象和商標信譽。特許人在採購方面最典型的控制手段，就是規定嚴格的採購品質標準。特許人還可要求受許人必須從特許人批准或者指定的供應商那裏採購，以保證穩定的品質和數量。

在服務業連鎖加盟中，雖無商品銷售，但也要使用統一的原材料、設備、工具、包裝物和其他消耗品。因此，在合約中，必須明確這些物品的種類、數量、購買方式、支付時間和方法等有關內容。

⑼報告制度

作為一種控制手段，特許人通常要求受許人向其提交有關經營活動為報告書，內容涉及出售商品的類型、數量、機器設備的投資、採購、廣告、推銷、成本核算等。報告制度有助於增強連鎖加盟雙方的聯繫。

⑽店堂建設與設計

尤其在零售與服務業的連鎖加盟中，店堂設計與裝飾的協調一致關係到該特許企業的市場形象，所以合約往往規定受許人必須以統一的圖樣設計、建設店堂。特許人應為受許人提供詳細的店堂圖樣和說明書，並在實際施工時進行現場指導。

⑾廣告與促銷

一般而言，廣告促銷及其他增加商譽的活動應由特許人統一策劃、執行，但受許人也應在總部協調下積極配合。此外，合約應對涉及廣告與促銷的計劃、實施和費用分擔等方面做出明確的規定。

⑿價格

為維護產品的統一形象，保證整個連鎖加盟體系的正常運行，特許人一般要對各加盟店的產品價格實行控制，即總部統一定價。但迫於各國反不正當競爭法的阻力，特許人只得把這個價格定義為「建議價格」或「指導價格」，加盟店的定價一般由受許人自己決定。

⒀存貨維持

受許人普遍希望自己的存貨水準越低越好，以便節省庫存費用。但為了保證最大限度的銷售機會，特許人則希望在任何時候都將存貨維持在一定的水準之上，以免出現斷檔脫銷。因此，有時特許人會在合約中規定庫存的最低限。

⒁使用費的支付

使用費是指受許人為使用特許人的商標和服務標記、專利、專有技術等而支付給特許人的報酬，是特許人利潤的主要來源。這方面的費用有多種情況：

①加盟費——在簽訂加盟合約時一次性支付的費用，稱為加盟費。加盟費是一次性取得連鎖加盟權的費用。有的把加盟費一分為二，開業前作為開業費叫加盟費，開業後作為商標使用權和持續性指導服務繳納的部份稱為權利金。

②附加費——是加盟金之外受許人用於支付加盟店服務的費用。

③利潤——這種情況下，總部每年從加盟店利潤中抽取一個百分點。

④股份參與——總部參股於加盟店，規定 15%～20%的股份為總部所有，靠資產關係維繫。

合約應詳細規定使用費的金額或比例、支付的時間及方式等。

⒂品質管理

特許人經營的商品或服務，是比較獨特的商品或服務，有一定品質標準和特色。由於這是受許人藉以發展的拳頭產品，不允許發生品質下降和特色改變的情況，因此，加盟合約中需要明確規定品質標準、保持特色的方法、品質核對總和控制等方面的內容。這些要求在特許人給受許人的營業手冊中均有明確詳細的說明。一般需要制定複雜的品質管理手冊，並且對難以透過手冊表達的內容如操作訣竅等，以指導條例、培訓或技術支援服務等形式加以補充。

⒃會計檢查

大多數合約都包括對受許人進行會計檢查的條款，以使特許人能夠確信受許人支付的使用費是準確無誤的。

⒄保險條款

為了儘量減少意外造成停止營業的不良影響，特許人往往要求受許人對自己的產品或營業設施投保火險、一般責任險或其他險種。

⒅保密條款

商標和專利受到有關工業產權法律的保護，而專有技術則不然，因此合約通常規定受許人對特許人傳授的專有技術負有保密責任。除此之外，合約還應明確規定保密的內容、地域範圍、期限、保密的對象、保密的方式以及違反保密義務所應承擔的責任等。

心得欄

6

食品公司的連鎖加盟合約範本

甲方：加盟總部(食品零售公司)

乙方：加盟者

經雙方同意簽訂如下條款：

第一條　本合約使用的有關文字定義

「公司經營技術資產」：由總部開發、完善成型，用於食品零售店經營的具有統一性的獨自的經營技術，是公司的註冊商號、商標、標誌和與服務標誌、模式、樣式、店鋪管理方式、商品陳列技術、會計系統、專業教育研修程序及有關營運的不可分的統一系統。

「公司店鋪」：指使用屬於總部所有的經營技術資產及商標的食品零售店。

「公司商標」：指稱為公司的商標和服務標誌及表示公司的標記、記號、招牌、標籤、樣式及其他一切營業象徵。

「公司形象」：加盟店因使用公司經營技術資產和商標，而使其統一性被公眾廣泛認識，獲得了信譽，並在定型的統一形象下營運。

第二條　獨立的當事者

⑴本合約當事雙方為各自獨立的事業者，雙方之間不存在任何共同投資、代理、僱用、承包關係。

加盟店不具有代行總部或為總部而發生任何行為的權利。加盟店職工不是總部的員工，也不是總部的代理人。總部對其員工行為不承擔任何責任。

⑵公司店鋪的經營由加盟店自立，獨立承擔責任，經營決策是加盟店自行判斷、自主運作的行為。

第三條　加盟店的資格

⑴只有具備下列條件者才有資格成為公司連鎖加盟店：

①沒有受過刑事處罰者；

②受過總部規定的訓練，並按要求完成訓練內容，被總部認可的合格者；

③經與總部協商，被認定可以經營公司店鋪的特定店銷者。

⑵如加盟店是法人組織，則前項資格條件中，第①項的對象是法人代表，第②項對象是法人代表和法人代表指定的職工。

第四條　特許的給予

在本合約執行期間，總部給予加盟店使用本部開發、完善的經營技術——公司經營技術資產，以及在第七條規定的場所開設、經營公司店鋪的權利。

第五條　商標的使用承諾

⑴總部承諾在本合約執行期間，加盟店可以使用公司商標、服務標誌及有關的標誌、記號、樣式、標籤和招牌。

⑵加盟店不得在公司店鋪以外使用本合約中總部同意加盟店使用的商標。

⑶加盟店要使用總部商號的一部份或作為加盟店商號的一部份使用總部商標，須事先徵得總部的書面同意。

⑷本合約終止或解除後，加盟店不得以任何理由再使用公司商標。

第六條　使用範圍和使用方法

⑴加盟店只能按總部承諾的範圍和方法使用公司商標及經營技術資產，同時必須以公司經營技術資產為基礎，按統一形象經營店鋪。

⑵加盟店使用公司商標和經營技術資產時，不得有以下行為：

①毀損公司形象，損害公司商標和經營技術資產的行為；

②除為公司店鋪經營而向加盟店員工傳授公司經營技術資產及總部有特別指示外，向第三者洩密、傳遞公司經營技術資產；

③加盟店為第三者模仿公司商標和經營技術資產，或幫助第三者模仿。

第七條　店址選擇

⑴加盟店店鋪設在乙處。

⑵總部不得在加盟店半徑 250 米(直徑 500 米)範圍內自己或讓第三者經營其公司店鋪。

⑶總部依據地理條件和區域商業結構狀況認為，在現有加盟店的所在地點設公司店鋪，不會發生相互競爭關係，或因人口增加、交通情況變化等原因，總部認為有必要再增設店鋪時，總部可以自己或讓第三者在同一區域經營加盟店。

⑷第⑵款對位於商業繁華區和準繁華區的加盟店不適用。

第八條　店址的變更

⑴因地理環境變化和其他原因，加盟店希望變更在第七條第⑵款規定區域內的店鋪時，可以向總部提出變更申請。

⑵總部認為變更要求的理由可以成立，應即刻做出答覆，並須對選擇新店址進行調查等提供必要的幫助。

⑶加盟店應支付總部進行上述所列調查等的費用。

第九條　追加建店

⑴加盟店除第七條第⑴款的店鋪外，還要新建公司店鋪時，必須與總部另外簽訂以該追加建店事項為對象的公司特許連鎖合約。

⑵如總部認為該追加建店要求符合條件，而且也符合公司連鎖總體利益，總部就必須同意，但總部不承認 10 家以上的追加建店。

⑶加盟店在簽訂了以該追加建店為對象的公司特許連鎖合約後，應即刻向總部支付加盟金大約 45 萬元。

⑷前款加盟金包括公司特許連鎖合約規定的費用和為追加建店而進行調查的費用，以及向政府主管部門申請許可所需的一切費用。

第十條　公司商標及經營技術資產

⑴加盟店承認公司經營技術資產是只屬於總部的具有特定價值的經營技術資產，受法律保護。

⑵加盟店承認公司商標為公司連鎖統一的營業象徵，屬總部所有。

⑶總部須適應社會形勢變化，對現有經營技術資產進行不斷的研究、完善和積累。

第十一條　經營指導及幫助

⑴為使加盟店能維持經營，在開業前及本合約執行期間，總部必須向加盟店傳授必需的知識和經營技術。

⑵加盟店在開業前必須派遣店主和兩名可以代行承擔責任的

職工參加總部規定的教育研修，獲得經營公司店鋪必需的知識和技術。

⑶開業後，如總部有研修指示，加盟店也必須按指示要求派員工再次參加前項規定的進修教育，獲得必需的知識和技術。加盟店承擔此次培訓所需的一切費用。

⑷加盟店開業前後五天，作為店鋪營運入軌期，總部須向加盟店派遣本部開發部人員進行開業和經營指導。

⑸加盟店必須參加一年兩次的定期總會及總會召開月以外的定期經營月會和臨時經營者會議。總部應提前一週通知開會日期。

⑹除經營者會議召開週外，總部每週向加盟店派遣營運部負責人進行指導。

⑺加盟店在接受總部營運指導時期，經經營者或店長同意，允許總部派遣的人員進入店堂內檢查加盟店的全部經營情況。

⑻加盟店在接受總部營運指導時期，允許總部的代理人及總部人員檢查與加盟店的商品庫存、店鋪經營、現金存款、原始票據等有關的各種資料。

⑼總部根據教育計劃，隨時培訓、教育加盟店僱用的店長和職工。

第十二條　店鋪地理位置的調查

總部為加盟店選擇店址進行地理位置狀況、交通狀況、人口密度、所在地區發展前景等建店可行性專門調查。

第十三條　店鋪開發相關事項

⑴為維護公司形象的統一性，加盟店的店銷結構、內外裝飾要符合總部規定的標準。

⑵為維護公司形象的統一性，加盟店同意委託總部指定的有此資格的建築設計事務所負責店鋪的新建、增建、改建和內外裝修裝飾等的設計和督察。

⑶加盟店同意新建、增建、改建、內外裝修裝飾等改造工程的施工者，由總部從經過建築設計事務所公正的資格審查的施工企業中招標決定。

⑷為維護公司形象的統一性，加盟店同意店鋪的設備、裝置、用具、招牌等的規格符合總部規定的樣式。

⑸為了集中採購以降低成本、獲得利益，加盟店同意從總部指定者處購買營運所必需的設備、裝置、器具、用具、招牌等物品。

⑹對於加盟店的店鋪改造、購置設備等的申請，總部要作認真研究，並與加盟店協商、協調，決定樣式、品位、品質，並協助實施。

⑺對於營運所必需的包裝材料、發票、封口紙、提貨袋、標籤及其他附屬材料、消耗品，加盟店同意使用總部指定的產品，並從總部指定處購買。

⑻加盟店同意租賃總部開發的售貨機，並按規定程序操作。

⑼確認本條所列各項的購買資金全部由加盟店負擔。

第十四條　促銷

⑴總部要計劃和實施以維護公司連鎖全體利益為目的的宣傳、廣告等促銷活動。

⑵前項的各項促銷費用，按第二十條規定處理。

⑶加盟店要單獨或與其他加盟店共同進行宣傳、廣告、展示等促銷活動，必須事先向總部提出書面申請，說明活動的內容和實施

的方法，徵得同意後才能進行。

第十五條　協助銷售

⑴總部對加盟店的銷售提供以下幫助：

①推薦進貨管道；

②推薦進貨品種、目錄；

③對設定標準零售價格提出建議；

④提供總部和進貨單位收集的有關銷售情報；

⑤提供有關促銷的各種資料。

⑵加盟店同意，與總部推薦的進貨對象交易時使用總部指定的合約書，訂立長期交易合約。

第十六條　進銷價格的設定

⑴加盟店要努力做到按總部推薦的商品進貨，按總部建議的零售價格銷售。

⑵如總部建議的零售價格與本地區實際情況不符，加盟店要向總部說明情況；總部應根據公司形象的統一性要求和加盟店所處地區的實際情況綜合考慮，向加盟店提出與其實際相符的價格建議。

⑶加盟店要從非總部推薦的進貨單位採購時，應事先書面向總部說明理由，徵得總部書面同意。

第十七條　加盟金

⑴加盟店於簽訂合約的同時向總部支付加盟金約 36 萬。

⑵加盟金中，7 萬元為第十一條第⑵款規定的接受教育、研修的費用；29 萬元為用於為加盟店開業而接受總部經營技術資產、商標使用權等特許連鎖費用及支付總部用於為加盟店開業而進行的地理條件調查、開業指導的費用。

不論是本合約期滿，還是中途解約或其他理由，都不歸還加盟金。

第十八條　保證金

⑴作為合約簽訂後總部與加盟店之間發生債務及加盟店忠實地執行合約的擔保，加盟店須在本合約簽訂時向總部預交 36 萬元的保證金。

⑵總部可以用此保證金的全部或一部份，沖抵加盟店拖欠的債務。加盟店在接到總部的沖抵通知後，須馬上向總部支付與被沖抵數額相同的現金，補充保證金。

⑶保證金不計息。

⑷除用於沖抵總部債務外，加盟店不得對保證金作其他任何處理。

⑸不論加盟店在法律上或本合約上有無解約權、解除權，如果因其退出合約等行為，而導致事實上本合約無法繼續執行及因加盟店不履行本合約義務而被解約時，總部具有本合約第四十三條第⑵款和第⑷款規定的要求賠償損失的權利，可以沒收加盟店 3/4 的保證金沖抵違約金。在加盟店撤除所有表示公司的招牌、工作物品和其他營業象徵一年後歸還剩餘 1/4 的保證金。

⑹除本合約第三十三條的解約外，合約期滿或解除合約後，在加盟店撤除公司的全部招牌、工作物品等其他營業象徵一年後，總部應歸還加盟店全部保證金。

第十九條　特許金

⑴在本合約執行期間，作為使用公司商標、經營技術資產和接受總部幫助、指導的價格，加盟店須向總部支付相當於年毛利額 10%

金額的特許金。

⑵前項「年毛利額」為年銷售總額減去年進貨額的剩餘，加上年回扣金的合計金額。

「年銷售總額」指當年 11 月 1 日至下一年 10 月 31 日期間，加盟店在本合約下進行營業所發生的銷售額，包括現金和信用銷售加上加盟店自家銷售的商品零售額的合計金額。

回扣金指本合約第二十二條規定的回扣金及進貨對象支付給加盟店的進貨回扣金。

⑶根據各年度 10 月 31 日決算書及相關簿記憑證計算每年的特許金。

⑷總部按每月毛利額 10%的金額，於下一個月 10 日前向加盟店索要每月的特許金。加盟店最遲至該月末或持現金交到總部指定的場所，或將款項匯入總部指定的銀行帳戶。匯款手續費由加盟店負擔。

⑸按第 3 款計算的年特許金同第 4 款每月支付的特許金的 12 個月總計數之間出現差額，由雙方核清解決。

第二十條　廣告宣傳分擔金

加盟店須向總部支付公司總體進行的促銷活動產生費用的實際負擔金額。

第二十一條　拖欠損失金

加盟店未在規定期限內支付總部規定的加盟金、加盟保證金、特許金、廣告宣傳分擔金等債務時，按每超過一天加付 10%的比例向總部支付拖欠損失金，直至付清為止。

第二十二條　回扣

⑴總部至每年 2 月的最後一天，將上一年度(11 月 1 日至下一年 10 月 31 日)總部推薦的進貨單位支付給加盟店的年回扣金額通知加盟店。

⑵加盟店委託總部無限期寄存前項回扣金。

⑶如加盟店要求歸還前項回扣金，總部須在接到歸還要求日後的一個月內歸還給加盟店。

⑷加盟店在當年 11 月 1 日至下一年 10 月 31 日的合約執行期間終止合約時，不論任何理由都不能接受該年度的回扣金。

第二十三條　商品、服務的品質管理

⑴為維護加盟店售出商品的品質和服務的統一性，提高公司整體形象，加盟店的營業方法必須遵守總部提供的經營手冊規定的要求和標準。

⑵總部要定期和不定期地以書面和其他方法對加盟店進行進貨管理、銷售管理、商品管理、商品知識、衛生管理、職工管理、會計處理、店鋪經營管理、店鋪保安等各方面的指導，提供有關信息，幫助加盟店實施標準化管理。

第二十四條　物品的保養、維修

⑴加盟店要確實保養好店鋪建築、設備及其他供營業使用的一切物品，維護公司形象。必須經常清洗、檢點店鋪建築外觀，養護內外裝飾和其他用品，使之保持清潔和完好狀態。

⑵加盟店如不能充分做好前項規定的保養工作，且在受到總部相關警告後的 5 日之內仍不見改善，總部可委託第三者做保養事務，所需費用由加盟店負擔。

⑶加盟店同意，在總部認為有必要時，總部人員可隨時進入店鋪建築、停車場，檢查店鋪、設備的保養狀況。

第二十五條　賬簿等的製作

⑴為使加盟店和總部雙方準確把握加盟店的經營情況，加盟店要按總部指定的格式製作和保留以下文本：

①傳票；

②營業報告書(每天製作)。

⑵加盟店每週向總部遞交一次一週的每日營業報告書。

⑶總部和總部任命的註冊會計師可隨時在營業時間，調查第⑴款所列的賬簿，加盟店應主動向總部提供傳票等文件，協助調查。

第二十六條　盤點

⑴加盟店要定期進行庫存、銷售款、收到支票、匯票及消耗品的盤點清查，準確把握經營狀況，及時報告總部。

⑵如總部認為加盟店盤庫結果、盤點報告書和營業報告書不準確，要隨時通告加盟店，並提出改正勸告。

⑶如遇前款情況，總部可以同加盟店一起共同進行盤點作業，以保證結果的準確性。

第二十七條　決算文本

⑴加盟店應在總部指定的註冊會計師的指導下製作稅法要求的會計年度決算申報書。

⑵加盟店在每年向稅務局等部門遞交稅法要求的最終申報書及其附件時，應同式一併遞交總部。修改最終申報書時也一樣。加盟店收到稅務局要求更改或確認事業收入的修改通告後也必須將通告同式遞交總部。

⑶加盟店的最終申報書及決算書與按營業報告書為依據製作的決算書之間發生不一致時，加盟店應以營業報告書為準修改決算書。如因此而損害了總部應得的利益，則必須作出合理賠償。

第二十八條　專心營業義務

⑴加盟店在本合約執行期間，必須全力以赴提高該店的營業成績。

⑵除非得到總部書面同意，加盟店不得從事其他營業。

⑶加盟店須嚴守總部指定的營業日、營業時間從事經營。

營業日為一週七天制，無休息日。開店時間為上午 7 點以前，閉店時間為晚上 11 點以後。每日營業時間應在 16 小時以上、24 小時以內。婚、喪及類似特別日可休息。

第二十九條　守密義務

⑴除法律規定必須公開的以外，總部不得向第三者展示加盟店送交的營業報告書及其他有關資料和有損於加盟店利益的情報。

⑵加盟店不得向第三者洩漏總部按本合約規定提供給加盟店的經營技術資產秘密及有損總部利益的情報。

⑶加盟店有責任保證其職工不向第三者洩漏前款秘密。

⑷前三款規定的總部和加盟店的守密義務在本合約期滿後仍然有效。

⑸總部按本合約規定提供給加盟店的經營技術手冊和其他文件歸總部所有，若出借給加盟店，加盟店須負責保存，合約終止後即刻歸還總部。

第三十條　禁止毀譽義務

加盟店不得損害總部和公司其他連鎖店的聲譽、信譽，不得妨礙總部和其他加盟店的業務。

第三十一條　糾紛報告義務

⑴加盟店營運中發生訴訟、爭執或其他糾紛，須及時報告總部。

⑵如加盟店營運中發生糾紛，總部以維護公司事業為目的，可隨時指示加盟店付諸法院，或採取其他措施。加盟店應遵從總部決定。

第三十二條　合約期限

⑴本合約的期限為自本合約簽訂之日起算，店鋪開業後滿 10 年。合約期滿前 3 個月，經總部與加盟店雙方同意，可以更新合約。

⑵前款的合約更新，在本合約期滿前經總部和加盟店同意，簽訂總部規定的特許連鎖合約書後成立。更新合約為本合約期滿終止後接續成立的新合約。但加盟店無須支付特許連鎖合約書規定的加盟金，本合約的保證金可充作更新合約的保證金。此種情況下，加盟店不得要求總部歸還保證金。

第三十三條　合約的解除

⑴加盟店發生如下各項中任何一項行為，總部可對加盟店規定期限，以書面形式勸告加盟店終止或改正其行為。超過指定期限無改善，總部可單方面解除合約。

①加盟店沒有忠實地實施總部為改善營業而提出的勸告指導；

②加盟店按本合約規定向總部遞交的營業報告書、決算書等文件不真實；

③加盟店拖欠需交總部的特許金和預付金及其他債務；

④加盟店拖欠總部推薦的進貨單位及總部指導的對象的債務；

⑤加盟店的其他違約行為或不履行本合約規定的義務。

⑵加盟店發生以下各項中的任何一項行為，總部可不作預告而解除合約：

①加盟店受到臨時查封、臨時處分、拍賣處分、滯納稅處分，以及破產、審查、特別清產核資等處分，使接受合約更新申請的總部同提出申請的加盟店之間的信賴關係破裂，或加盟店自己宣佈破產、協議出賣或整頓店鋪、特別清算與申請新企業；

②債權者開始受理資產、負債的全面管理和整頓；

③受到銀行的拒絕受理匯票的處分；

④加盟店未得到總部的事先書面同意而私自出讓營業權；

⑤加盟店未得到總部的事先書面同意而私自出讓本合約規定的全部或部份權利，或設立擔保權或對店鋪進行其他處置；

⑥加盟店向其他人洩漏公司的經營秘密，或讓他人使用或向他人提供信息手冊等資料；

⑦加盟店損害了總部、公司連鎖店的名譽、信譽，妨礙了總部或其他加盟店的業務；

⑧發生加盟店店主死亡、法人解散、營業終止、與他人合併或其他對營業權產生影響的股東構成變更、劇烈的組織變動、企業管理層變動等情況，而使加盟店同總部的信賴關係破裂；

⑨向債權者出讓全部或重要的部份財產，或把店鋪財產用作讓渡擔保；

⑩加盟店店主或加盟店代表受到拘留或其他刑事處罰；

⑪加盟店店主或加盟店代表被宣告為禁業者或準禁業者；

⑫加盟店退出公司事業者或將其營業委託他人，從全部經營或實際重要部份退出或放棄店鋪經營超過 10 天以上者；

⒀加盟店店鋪建築喪失；

⒁加盟店店鋪建築等使用權喪失；

⒂法院、政令要求加盟店終止營業；

⒃加盟店在簽訂本合約一年以後仍未開業。

⑶如總部發生以下各項中的任何一項事由，加盟店可對總部規定兩週以上期限，以書面形式敦促總部確實停止該行為，履行規定的義務。如總部在規定期限內仍不履行規定義務，加盟店可單方面解除本合約。

①拖欠第二十二條第⑶款規定給加盟店的回扣金；

②其他違反本合約或不履行本合約規定的義務。

⑷發生如下各項中的任何一項事由，加盟店可不作預告單方面終止合約：

①總部申請破產、特別清算、清算，或法院宣佈破產、特別清算和清算；

②總部損害了加盟店名譽、信譽，或妨礙了加盟店的事業開展；

③總部退出公司特許連鎖事業者的地位，或放棄該事業；

④法令、政令規定總部廢止連鎖事業；

⑤加盟店店鋪建築喪失；

⑥加盟店店鋪建築使用權喪失；

⑦法令、政令規定加盟店終止營業。

第三十四條　協商解約、中途解約

⑴只要加盟店和總部雙方協商達成書面協定，可隨時終止本合約。此時總部收取一半的保證金，剩餘一半在加盟店撤除所有表示公司的招牌、物品和其他營業象徵一年後歸還。

⑵加盟店提前3個月通知總部解約，並付清了特許金、廣告分擔金和其他由總部代行負擔的一切債務，同時明確放棄歸還保證金的要求時，本合約在加盟店預告期滿後便告終止。這裏加盟店不能用保證金沖抵代由總部負擔的債務。

⑶有第三十三條第⑴、第⑵款中的任何一款事由的加盟店，不能行使前項解約權。

第三十五條　招牌、商標等的撤除

⑴不論合約期滿還是中途解約，本合約一旦終止，加盟店就失去了公司商標和經營技術資產的使用權。

⑵在前款的場合，加盟店必須自行撤除公司招牌，從建築物和其他設備、用品上消除公司商標、服務標誌和特定名稱等一切營業象徵。

⑶如加盟店不主動撤除，總部或總部代理人可以自行進行撤除作業，並要求加盟店負擔為之產生的一切費用。

第三十六條　禁止競爭

⑴加盟店保證，如遇第三十五條第⑴款情況，不使用相同的或類似的，或容易引起混同的商標、服務標誌、特定名稱等營業象徵和公司經營技術資產，不發生有損於其他公司加盟店利益及會造成營業混亂給總部帶來麻煩的行為。

⑵當總部發現並通知了加盟店有前款所列的違約行為時，加盟店須立即終止該行為。

第三十七條　物件的歸還和債務清算

⑴不論任何理由，本合約終止時，加盟店均須放棄使用總部授予的物品使用權，並及時將物品歸還總部。

⑵本合約終止時，除本合約特別規定者外，當事者雙方均須及時結清所欠對方的一切債務。

⑶加盟店在本合約終止後，須及時清償欠總部推薦的進貨對象的債務。

第三十八條　營業的讓渡和承繼

⑴加盟店未事先徵得總部同意，不得將本合約規定的任何權利、店鋪營業及資產的全部或一部份轉讓給第三者，不得將此用做擔保和其他處置。

⑵如總部認為加盟店已不能再繼續營業，或因明顯的困難而有可能發生營業中斷時，為保持加盟連鎖店的運營，總部可以臨時接替營業。待總部確認加盟店可以重新經營後，應及時把營業權歸還加盟店。上述總部接管經營期間發生的收益和損失均屬加盟店，總部代行營業所產生的費用由加盟店負擔。

⑶如加盟店希望出讓或出租店鋪時，總部有優先接受店鋪建築或接替、承租權。

⑷遇前款情況，總部和加盟店可以透過協商，規定讓渡價格和租賃金。協商意向不能達成時，可用官方規定的讓渡價格和租金作價交易。簽訂費用由加盟店負擔。

第三十九條　名義責任

⑴加盟店使用公司的商號、商標、服務標誌，因自己的經營而損害了第三者利益時，由加盟店主承擔賠償損失的責任，總部不承擔名義責任。

⑵總部因加盟店的行為而承擔被索賠責任時，可要求加盟店負擔被迫索的賠償金。

第四十條　遇不可抗力的免責

本合約的任何一方均不向對方承諾負擔因罷工等其他勞資糾紛和暴動、天災人禍、行政機關的措施及其他超越合理控制限度的原因造成的損失。

第四十一條　保證

⑴加盟店為開業而從金融機構貸款形成的債務，如由總部提供保證或物質擔保時，加盟店和總部必須另簽債務擔保合約。

⑵如遇上述情況，加盟店必須向總部提供物質擔保。

第四十二條　保證債務的銷除

不論任何理由，本合約終止時，如加盟店還負擔著開業之初和此後用總部的保證或物質擔保，接受金融機構提供的用於購置設備和充作其他費用或因新建、改建而發生貸款債務時，必須即時歸還貸款，解除總部的債務擔保責任。

第四十三條　損害賠償

⑴總部違約給加盟店造成損害時，不論本合約存在與否，須向加盟店賠償損失。

⑵加盟店違約，總部因此而解除合約時，加盟店須向總部支付相當於最近一年特許金額兩倍的損失賠償金。

⑶無論加盟店在法律上或按本合約規定有無解除權、解約權，因其退出合約等行為造成事實上合約不能繼續時，加盟店必須向總部賠償相當於最近一年的特許金額兩倍的損失賠償金。

⑷本合約剩餘期限不足 2 年時，本條第⑵、第⑶款的損害賠償額，按剩餘月數乘以最近一年特許金的月平均數計。

⑸加盟店違反合約給總部造成損害而總部不解除合約的情況

下，加盟店也須向總部賠償損失。

第四十四條　合約的變更

經雙方當事者協商同意可以變更合約。

第四十五條　連帶保證人義務

連帶保證人與加盟店連帶承擔加盟店在本合約中承擔的一切財務債務。

第四十六條　投保義務

為保障公司連鎖店事業，防止萬一的事故和損害，加盟店須就總部指定的物品按本部規定的險別的保金投保。

第四十七條　受理法院

本合約發生糾紛交付法律處理時，總部所在地法院為初審專屬受理法院。

第四十八條　確認事項

在簽訂本合約前，總部要向加盟店詳細說明加盟店開展經營事業成功的可能性及合約內容，要獲得加盟店的充分理解。

加盟店應理解和同意以下事實：在總部說明中所展示的各種資料只是說明成功的可能性，並不是對加盟店經營事業的獲利承諾。

第四十九條　協商

對本合約規定的及未規定的事項如有疑問，由當事者雙方本著發展事業的願望，坦誠地協商解決。

以上合約一式兩份，當事者雙方署名蓋章後各執一份。

7
連鎖經營的優勢在那裏

半個世紀以來，在歐、美、日國家，商業連鎖經營已經成為流通產業中的一種重要形式，銷售額所佔比重不斷上升。在這些國家中，最大的零售商幾乎都採用連鎖經營的方式。美國大部份的連鎖店都以很少的資金起家，依靠連鎖經營的形式不斷壯大。

美國第一家連鎖店「大西洋及太平洋茶葉公司」至今已有 130 多年的歷史，仍長盛不衰，現已發展到 4000 多個店鋪，年銷售額達 50 億美元。1985 年，美國最大的 15 家連鎖店銷售總額超過 1820 億美元。1988 年，美國連鎖店銷售額佔零售業總額的 38%。歐洲的情況也大致相同。1992 年，德國最大的 10 家連鎖店營業額總和超過 3350 億馬克。

德國最大連鎖店之一的「梅托」連鎖店，1985～1992 年間的銷售額增長超過 170%。1985～1988 年，日本零售額年平均增長 4.1%，但特許連鎖企業增長 14.7%，自由連鎖企業增長 7.5%，它顯示出良好的經濟效益。由於競爭激烈，美國新開張的企業約有半數在頭 5 年裏就相繼倒閉，能生存下來的為數不多，而採用連鎖經營的企業頭 5 年裏倒閉率僅佔 5%，在商業連鎖經營的優勢已成為業內人士的共識。

現在，連鎖經營正風靡全球，在歐、美、日等國家商業領域佔據了主導地位。在日本，連鎖經營集團和整個連鎖業的銷售額佔整個零售業銷售額的 40%。連鎖經營風靡全球，到底其魅力何在呢？因為其有以下特點。

1. 連鎖經營把分散的經營主體組織起來，具有規模優勢

當今世界零售業高峰的大公司都實行連鎖經營，這絕不是巧合，而是現在商業流通規律的客觀反映。連鎖經營完善了專業化分工，科學合理地組織了商品物流，從而降低了商品的售價。連鎖經營最大的特徵是統一化，不僅要統一店名店貌，統一廣告、信息等，最重要的是統一進貨、統一核算、統一庫存和統一管理。這諸多的「統一」，支撐著連鎖經營的價格優勢。價格優勢首先來自於統一進貨。由於連鎖經營規模甚大，廠家自然願意低價供應，大批量的訂貨確保了商品的最惠進價。

2. 連鎖經營都要建立統一的配送中心，與生產企業或副食品生產基地直接掛鈎

有了統一的配送中心，就意味著減少了中間環節，節省了流通費用，從而降低了成本。按照連鎖店經營規範化的要求，各成員店或加盟店的商品價格必須統一，並且要將其「鎖」定在低於同類商店 2%～5%的水準上。

3. 連鎖經營容易產生定向消費信任或依賴

從某種意義上講，連鎖店系統中的每家分店在本分店經營的同時，也分擔著其他店實物廣告的作用。如此一來，不僅做了活廣告，而且無形中建立起了自家的顧客群，因為只要在一家分店得到了滿意的服務，就等於為全系統的所有分店拉住了一位回頭客。

4.消費者在商品品質上可以得到保證

嚴格規範、統一管理的連鎖店，能統一進貨管道、直接定向供應，這也是連鎖店蓬勃發展、廣得民心的一大現實因素。

要發揮市場經濟優勢，又要減少市場失序帶來的混亂和損失，關鍵在於制度創新，需要透過不同的制度設計實現市場的組織化及其協調運作。如果說在資本市場上，股份制的現代企業制度是一個典範的話，那麼在流通領域，連鎖經營是另一個範例。

通過連鎖經營將分散理財點的零售網點組織起來，形成具有足夠規模化企業，科學的制度安排，有利於降低交易費用，能使連鎖企業與上游企業與顧客形成長期的信任合作關係，使連鎖企業經營取得良好的發展。

連鎖經營的制度優勢更加明顯，特殊經營核心的特許權轉讓，由此通過總部與加盟店一對一地簽訂加盟合約，總部在教給加盟店完成的事業所必需的所有信息、知識和技術的同時，還要授予店名、商號、商標、服務標記等在一定區域內的壟斷使用權，並在開店後繼續經營。

連鎖加盟的行業可以很廣，對於具有技術與服務特色的商品和服務組合特別適合，同時連鎖加盟的制度安排的優勢也顯著地表現在下列三個方面。

⑴特許連鎖經營對特許連鎖總部的好處：

①在資金和人力有限的情況下，不用自己的資本設置商店，也能獲得迅速擴大業務領域的機會，提高知名度，加速連鎖化事業的發展；

②在一個新的地區開展業務時，有合夥人為其共同分擔商業風

險，能夠大大降低經營風險；

③加盟金和特許權費能切實保證使用，有利於穩定地開展事業活動；

④設立穩定的商品流通管道，有利於鞏固和擴大商品銷售網路；

⑤根據加盟店的營業狀況，總部體制和環境條件的變化調整和招聘加盟店，能促使連鎖靈活地發展；

⑥統一加盟店的店面風貌、店員服裝等，能對消費者和企業界形成強大而有魅力的統一形象。

⑵特許連鎖經營對加盟店的好處：

①沒有經營商店經驗的一般人，也能經營商店；

②可以減少失敗的危險性；

③用較少的資本就能開展事業活動；

④能進行知名度高的高效率的經營；

⑤能實施影響力大的促銷策略；

⑥可以穩定地銷售物美價廉的商品；

⑦能夠進行適應市場變化的事業經營；

⑧能夠專心致力於銷售活動；

⑨能夠接受優秀參謀的指導，可以持續地擴大和發展事業。

⑶特許連鎖經營對消費者的好處：

①總部卓越的經營方法和技術被廣泛地應用，提高了為消費者服務的水準；

②標準化的經營，使消費者無論在那個加盟店都能享受到標準化的優質的商品和服務；

③加盟店通過有效經營，降低了銷售費用，使消費者能接受物美價廉的商品和服務。

連鎖經營作為一種經營形式，其獲得的巨大成功是有目共睹的，而其中最能體現這種成功的是連鎖經營良好的效益。那麼為什麼連鎖經營會取得良好的效益呢？其中的奧秘與連鎖經營的實質、特徵和運作形式密切相關。

連鎖經營之所以能取得良好的效益，最本質的原因是把現代化工業大生產的原理應用於零售業，實現了商業活動的標準化、專業化、統一化，這構成了產生規模效益的重要基礎。一方面，先進的行銷技術可以在眾多的店鋪大規模推廣而獲得技術共用效益；另一方面，投資的成本和風險又可以在眾多的店鋪得到均攤，從而可以降低商品的成本。連鎖經營的體制是一種兼收併蓄的體制，具有許多其他經營形態沒有的優越性。

1. 經營技術開發的專業化，有利於店鋪經營水準的提高

無論是正規連鎖，還是自由連鎖、特許連鎖，在其內部都有總部和店鋪兩個層次。連鎖經營總部的重要職責之一就是研究企業的經營技巧，包括貨架的擺放、商品的陳列、店容店貌的設計、經營品種的調整等等，直接用於指導店鋪的經營，這就使店鋪擺脫了傳統零售業那種靠經驗操作的影響，轉而向科學要效益。並且，由於連鎖是同行業、多店鋪的經營，總部統一開發的經營技巧可以廣泛應用於各個店鋪，使店鋪的經營水準普遍提高，獲得技術共用效益（相對其他企業來說是一種超額利潤），同時分攤了技術開發的成本。這是單個企業所無法做到的。因為，在單個企業內部，經營技

術開發的廣度和深度，要受到其效益與成本比較結果的制約。

2.標準化的經營，有利於改善服務，擴大銷售

在商業連鎖經營方式中，商店的開發、設計，標準化的設備、陳列、產品、操作程序、技術管理、廣告設計等等，都集中在總部。總部負責連鎖店的選址、開辦前的培訓，提供全套的商業服務方案，並始終不斷地對各連鎖店進行監督指導和交流、培訓工作，從而保證了各連鎖店在產品、服務、店名店貌等各方面的統一性，以滿足消費者對標準化的產品和服務品質的要求，以達到吸引顧客，擴大銷售的目的。目前，隨著市場競爭的加劇，消費者由對商品的認識，轉向對商店的認知。因此，標準化的經營對樹立店鋪的形象更顯得意義重大。

3.物流中心承擔了部份批發職能，使批發環節的部份利潤由社會轉到了企業內部

商品的價格是以商品的價值為基礎，並且通過市場供求關係確定的。也就是說，零售價格不是經營者可以主觀決定的。因此，零售環節的利潤很大程度上取決於商品所經過的流通環節數量，一般而言流通環節越少，商業流通費用越低，零售環節所能獲得的銷售利潤也就越多。連鎖企業一般都設有物流中心，專門為店鋪進行商品配送，這些商品一部份直接從工廠進貨，減少了流通環節。同時還有一部份商品從供應商取得的是原材料或半成品等，需要物流中心進行加工、包裝、分類等裝配作業，增加了商品的附加值，將一部份利潤轉移過來。

4.集中化的經營與管理，有利於降低企業經營成本

連鎖經營的同業性，使各個店鋪的一些共同性活動，如採購、

儲運、廣告宣傳、會計核算等，可以集中起來由總部統一操作。這樣，眾多的店鋪共用一套經營設施，共用一套管理機構，各個店鋪無需設置繁瑣的管理機構，無需配備相應的管理人員，首先從總體上降低了企業的管理成本。其次，集中操作所帶來的經營成本的降低也是顯而易見的。如進貨，由於多店鋪創造了大量銷售的條件，所以總部可以通過大批量採購，從廠家獲得較低的價格。又如，由於有總部送貨，各個店鋪用於庫存的面積及庫存量都很小，可以擴大銷售面積，減少資金佔用。集中統一經營，通過節約管理成本和經營成本，擴大了企業的經濟效益。

5. 連鎖經營有利於減少商業投資風險

連鎖店經營多個店鋪，即使個別店經營上失敗也不會影響整體效益，某一決策的失誤所造成的損失，可以由許多店鋪共同分攤。這樣大大降低了商業投資的風險，並且刺激大的連鎖企業依靠雄厚的實力去進行新產品的開發。

對於購買連鎖加盟權的被特許人而言，加盟一個特許連鎖店，可以利用一個已得到實踐檢驗的成功的商業交易方式，獲得特許人的指導和幫忙，通過特許人系統化的培訓，掌握基本的經營技能，獲得經營的技術竅門。比其單獨開店成功的概率大大提高，大大減少了行業新人面臨的各種風險，難怪國外有人說，連鎖加盟是進入商界的「安全通道」。

除此之外，連鎖經營網點多、輻射範圍廣、市場佔有率高，以及能夠迅速大規模的集中資金，實現投資的靈活轉移，取得市場機會效益等等，也都是連鎖經營取得良好效益的重要原因。

連鎖加盟的定義

提到連鎖加盟的定義，先得從其發生的概念說起。

假定有一個企業開發了一項認為很有市場前景的新產品，該公司極想在市場上好好促銷一番。如果單單是找批發商或零售商，將該項新產品交給他們代銷，則往往因為他們的行銷網有限，可能達不到其希望的目標，於是這家公司在每個特定地區，分別選擇了特約的專賣店來銷售其產品：同時賦予這些特約專賣店能夠使用其公司商標、店號的權利，提供該產品銷售有關的 know-how 及製造「秘方」，更進一步地給予各項訓練、指導及支持。

由於這家公司既允其特約專賣店使用公司的店號、商標，又「傾囊相授」指導其製造、管理、行銷，當然相對地可以跟這些特約店要求相當的報償，如此這般的「交易」過程，該公司和特約專賣店之間有必要訂立個契約，這種契約就叫做連鎖加盟契約；而拓展新產品市場的該公司所採用的行銷方法，就是連鎖加盟系統。

當然這種銷售方式也不僅限於新產品，幾乎所有的行業、所有的商品和服務，經過設計後都有可能使用連鎖加盟的方式。大如國際級觀光旅館、小如冰淇淋店，在歐美各國都可以看到。

依國際連鎖加盟協會(IFA)給連鎖加盟下的定義：兩種存在於總公司和加盟者之間的持續關係。總公司賦與對方一項執照、特權，使其能經營生意：再加上對其組織、訓練、採購和管理的協助。相對地也要求加盟者付與相當的代價，作為報償。

另外日本連鎖加盟協會(JFA)對連鎖加盟下的定義如下:「總公司和加盟者締結契約，將自己的店號、商標，以及其他足以象徵營業的東西和經營的 know-how 授與對方，使其在同一企業形象下販賣其商品。而加盟店在獲得上述的權利之同時，相對地需付出一定的代價《金額》給總公司，在總公司的指導及援助下，經營事業的一種存續關係」。

以上二個定義大抵相同，只是日本連鎖加盟協會定義地更詳盡些。從上述之定義，我們可以將連鎖加盟制度歸納成三點：

⑴連鎖加盟制度是存在於連鎖加盟總公司(Franchisor)和加盟店(Franchisee)之間的一種契約關係。但是這種契約是一種既定格式的契約，而非經由雙方協議而訂立下之契約。即總公司事先將契約的內容擬妥、印妥，然後將相同定式的契約交付與眾多的加盟希望者，請其同意後簽訂的一種契約。

⑵契約的主要內容是記載產品銷售或事業經營有關的所有權利之交付，及與此相對的代價付與之義務履行。

⑶基於權利義務履行之契約簽訂雙方，其基本的權利義務如下：

①總公司容許加盟店使用其店號、商標等企業標識，同時提供經營及銷售等有關的 know-how，並加以指導。

②加盟者為了經營其事業，而投入交付必要的相對資金，在總公司的指導下，從事其事業的經營。

9

連鎖經營型態的比較(以便利商店為例)

我們經常可以看到、日常接觸中我們也可以聽到許多零售有關的名詞，如「連鎖店」、「加盟店」、「直營店」、「連鎖加盟店」，乃至英文的所謂「R.C.」、「V.C.」、「F.C.」等。這些名詞看似相同，卻又不儘然，究竟他們的相同點在那裏？又有那些相異處？在相同及相異點之外又有那些相關之處？就上述這些易於令人混淆的名稱做一說明和比較。

1. 連鎖店(Chain Store)

連鎖店(Chain Store)，廣義的連鎖店應該包涵所有這些名稱；因為英文的「RC」、「VC」、「FC」中之幾個 C 其實都是連鎖店 Chain Store 的第一個字母 C 之縮寫。所以連鎖店不但涵蓋了直營連鎖、加盟連鎖，甚至許多中小規模的企業，成立了幾家分店後，也都喜歡對外宣稱其為連鎖店，以表示「時髦」或表示其經營的手法是新穎的。嚴格說來，這些店都不能算是連鎖店。因為連鎖店最少也應該有十家以上相同的商店。話說回來，國內目前有若干的商店是直接引進國外著名的連鎖加盟系統，儘管其店家總數尚不及十家，稱之為連鎖店卻不為過。

2. 直營店 RC(Regular Chain)

RC 是 Regular Chain 的縮寫。狹義的連鎖店其實就是指 RC，也就是由總公司直接經營的連鎖店。這種形態的連鎖店在美國都是屬於連鎖(加盟)店(Franchise)的一環，頂多再細分這是由總公司所擁有的(Company Owned)。但是這種直營連鎖店到了喜歡創造新名詞，喜歡將許多觀念更理論化的日本人手中，可就不這樣輕易放手。雖然我們常笑日本人說他們的英文不怎麼高明，但是日本人卻創造了不少日式英文(當然日式的漢字更不在少數)，而且其中還有不少如 Sushi(壽司)、Bonsai(盆栽、盆景)等都得到國際的公認。而 Regular Chain(RC)就是一個地地道道的日本制英文，(日本人稱為「和制英語」)，雖然他尚未得到國際間的認同，但是在日本卻已普遍被接受。而國內有些人喜歡直接引用日本的資料，尤其喜歡這種大寫縮寫的專有名詞，以顯示其先進，於是在我們的若干報章雜誌中會出現 RC 的字眼(另一個常被用來指便利商店的「CVS」，也是在這種背景和心態下產生的)，其實說穿了就是指直營店而言。

直營店的優點是經營完全在公司的掌握之中。缺點是由於完全由總公司出資，總公司派人經營，在市場的拓展方面進展較慢，尤其在地價高漲、房租高昂的今天。

直營店的典型例子在日本如大榮超市、西友超市、王子大飯店、東急大飯店等都是只有直營店而無加盟店。國內的麥當勞，雖然目前都是直營的形態，但是整個國際麥當勞體系卻是以加盟店為主，鑑於國內店面的取得益形不易，所以麥當勞在國內成立加盟店應是遲早之事。另外，麗嬰房早在十多年前就嘗試以加盟店的方式來經營，由於時機過早。後又完全收回以直營的方式經營。據聞，麗嬰房眼見目前國內市場已漸趨成熟，現又開始徵求加盟店了。

3.(自願)加入店 VC(Voluntary Chain)

VC 顧名思義，自願加入連鎖體系的商店。這種商店由於是原已存在，而非加盟店的開店伊始就由連鎖總公司輔導創立，所以在名稱上自應有別於加盟店，為了區分方便起見，我個人把它命名為「(自願)加入店」。

這個 VC 也是一個「和制英語」。但是和 RC 不一樣的是，RC 是一個很普通的概念，世界各國普遍存在：而 VC 在日本卻是一個比較特殊的經營形態，其他國家不見得有，即或有也不普遍。

依照日本 Voluntary Chain 協會給加入店的定義是，所謂 VC 加入店是多數散在各地的零售店(偶爾也有批發商)，為了求其零售店的經營近代化，一方面保有其商店的獨立性，同時又能享有永續經營的連鎖體系之優勢，在大部份其能自己作主的情況下，加入連鎖系統成為其體系內的一家商店。

總公司對於加入店的援助，通常僅止於加入店要求的部份。而這些要求的部份中又以由總公司共同進貨為最重要的一環。由於由總公司大量進貨，可以壓低成本，所以以小商店的組織要和大型連鎖店抗衡，其基本條件也就是和大連鎖店同樣擁有低廉的進貨成本，這也是小商店成為 VC 加入店的最大誘因。

在日本有不少這種加入店是以「××Chain」來表示，有的寫「××Chain××屋」也被容許。畢竟這種店的特色是可以擁有相當的獨立自主權。日本的連鎖加入店以食品零售業的 CGC 集團為最大，年營業額在三千億日圓。加入店總數以寢具零具業的「全國月之友之會」及食品零售業的「全日食 Chain」為最多，均有 1500 家左右。

雖然加入店的特徵是可以擁有相當程度的自主權，但是最近卻有這種趨勢，即為了使加入店的力量能夠做更大的發揮，可能的話對於整個連鎖系統的各項活動都希望配合、參與。例如乾脆和總公司簽了連鎖加盟店(FC)的契約，而由加入店變成了加盟店。

國內目前有不少傳統式的「爸爸媽媽型」雜貨店(即所謂「甘仔店」，在競爭不過新式的連鎖便利商店，以及彼等的極力勸誘下，紛紛改頭換面，也可以說是加入店的一個例子。通常這些店即不再保持原來面貌，變成了表裏如一的加盟店，也吻合了日本加入店的發展趨勢。

至於美國的例子，應該以只借用商標及賣同一商品的連鎖店(Product and Tradename Franchise)為最接近。這種形態以汽車經銷商、飲料經銷商為代表。因為這些經銷商都保有相當程度的獨立自主權，但是我們從英文 Franchise 這個字眼來看，它又應該屬於 FC。從這裏我們又可以看出美日兩國在連鎖店的分類及定義之不同(壓根兒美國沒有所謂的 VC)。以下就讓我們來談談「正宗的」連鎖加盟店。

4.連鎖加盟店 FC(Franchise)

這裏之所以要強調「正宗」二個字，因為美國是連鎖加盟業的發祥地，即使是現在也是連鎖加盟界的大國，到現在日本還在跟她學習這方面的 know-how。但是美國的連鎖加盟店就只有 Franchise Chain 這個英文字(而無所謂 RC、VC)。

而將 Franchise 分成二大類：一類是「商品及商標連鎖系統」，另一類是一營利公式的連鎖系統」(Business Format Franchising)，前者以汽車經銷商、加油站、飲料經銷商為代表，後者才是一般的所謂連鎖加盟店，或簡稱為加盟店。

日本 Franchise 協會將連鎖加盟店定義如下：連鎖加盟是連鎖總公司(Franchisor 與加盟店(Franchisee)間之一種契約行為。總公司將自己的商標、商品名等足以代表自己公司營業象徵的標誌，供加盟店使用，同時提供經營上的 know-how，同一的整體設計和商品供對方使用、販賣。而對方，即加盟店，在獲得上述的權利之同時，相對地需付出一定的代價(金額)給總公司，在總公司的指導及援助下，經營事業的一種存續關係。

以上這個定義大體不錯，但個人認為加盟店除了享有總公司所賦予的權利外，還有繳納權利金，加盟金等金錢以外的義務。那就是遵守總公司種種管理規定的義務：如下能陳列或販賣競爭廠家的商品，因為基本上 FC 和 VC 最大的不同，即在於 FC 的加盟店不能有獨立自主權，從某個角度看加盟店主，並不是真正的老闆，他還要聽命於總公司。

如果用這個角度看，則國內的寶島鐘錶眼鏡行最容易解釋這種一方面是老闆，一方面又是總公司屬下分公司的性質。因為一般而言，寶島的連鎖加盟店屬於「內部創業」，非寶島出身的員工絕難成為其連鎖系統的加盟店。而一個由寶島訓練出來的員工，除了本身吸收經營 know-how 比外人迅速外，多年來在其企業文化薰陶下，這種權利義務的行使都會中規中矩，而形成一個經營共同體。

FC 加盟店的例子在美日兩國俯拾皆是。美國由於採用廣義的解釋，所以舉凡連鎖店都屬於 FC。而日本最早的連鎖加盟店，也早在 1963 年由西點糕餅店「不二家」做開路先鋒。

目前國內的 FC 連鎖店則以統一的 7-11 為佼佼者。以美國的

Franchise 標準而言，她五百多家的連鎖店規模上夠格稱 FC 了；以日本的標準而言，她既有 RC 的直營店，也有不少 FC 的加盟店，可謂是名副其實的「綜合」連鎖系統。至於只有加盟店的連鎖系統，則以彩色快速沖印店為代表。

以上雖然對連鎖店、直營店、加入店、加盟店逐個做說明、舉例，但對於初次接觸者難免有混淆之惑，為工讓讀者有更明晰的概念，最後謹以最直接方式的比較，就直營店 RC、加盟店 FC 及加入店 VC 之決策經營、資金、市場、價格、開店速度、契約、教育訓練、與總公司之關係及店面外觀形象等十多項目，參照日本連鎖加盟協會之比較表做成「連鎖經營型態比較表」以為參考。

心得欄

10

特許連鎖經營的知識產權保護法律問題

知識產權又稱「智力成果權」，指對科學技術、文化藝術等領域從事智力活動所創造的精神財富在一定地域、一定時間內所享有的獨佔權利。知識產權具有地域性、時問性、公開性的特徵。知識產權由版權和工業產權兩部份組成。其中，工業產權的保護對象包括：專利權、商標投、廠商名稱、產地標記或原產地名稱。連鎖加盟中所涉及的商標、商號、專利和商業秘密等都屬於知識產權的範疇。

知識產權的許可使用和保護條款是連鎖加盟合約的重要組成部份。

1. 有關商標、品牌許可的條款內容

特許人在授權區域內使用合約規定的品牌、商標的權利。

特許人的義務，主要有：

①合約規定的品牌、商標必須是在授權區域內合理註冊的，特許人應及時繳付相關費用並展期；明確特許人對該品牌、商標擁有所有權；簽約時任何第三方不聲稱對該品牌或商標擁有任何權利或有任何法律糾紛，或打算就此採取法律行動。以上規定明確了特許人是該商標、品牌的合法所有者。

②特許人幫助受許人進行門店外觀設計及店堂內部裝潢。

③特許人應負責該品牌或商標的廣告推廣，並確保受許人從中受益。

受許人的義務，主要有：

①受許人每年應拿出年總收入的一部份用於在當地該品牌或商標的廣告促銷，並將費用通知特許人。

②受許人應負責店內外裝潢、設計的一切費用。

③受許人應盡全力維護該商標及整個特許體系的商譽。

④若發生任何對商標、商號或其他服務標記的侵權、濫用或不正當競爭行為，受許人應立即通知特許人。若發生法律訴訟，受許人應盡力幫助特許人獲勝。在特許人事先書面請求下，受許人應參與法律程序聲明特許人的權利，由此產生的費用由特許人承擔。

2. 有關專有技術許可的內容

保密原則：

①受許人不得直接或間接地將特許人的專有技術透露給第三方，除非是其員工或任何其他執行合約義務的人。

②該專有技術只能用於合約規定的用途。

③受許人應保證其員工或其他執行合約義務的人保守商業秘密，並把這個內容寫入僱用合約。

④合約期內或終止後，受許人都必須承擔保密義務。

⑤以下情況除外：

· 該專有技術已為公眾所知；

· 受許人已掌握該專有技術；

· 有權的第三方已向受許人批露了該專有技術。

特許人的義務，主要有：

①對受許人及其員工進行初期和後續培訓，費用由特許人負擔，差旅費和住宿費除外。

②為受許人提供培訓材料，受許人同樣應對這些材料保密。

③把操作手冊的任何變化及時通知受許人，費用由特許人負擔。

受許人的義務，主要有：

①發展從特許人那裏得到的技術。

②受許人及其員工應參加特許人舉辦的必要的初期培訓課程。

③受許人就如何改進特許人的產品、服務或整個經營體系向特許人提出建議，特許人可以使用經受許人發展過的專有技術。

3. 商標的註冊與保護

特許人必須是商標的合法擁有者才能將該商標向受許人許可使用。可見，對商標的所有權是許可的前提條件。許多國家的知識產權法均規定商標必須在當地註冊後才能獲得法律保護並允許其進行轉讓或許可使用，但各國關於商標註冊與保護的規定又有所不同。

在商標註冊方面，有的國家採取註冊在先的原則，如法國、德國、日本等；有的國家則採取介於註冊在先和使用在先之間的一種混合原則。例如，英國商標法規定商標的所有權原則上屬於商標首先註冊人，但自該商標註冊 7 年之內，商標首先使用人可以提出指控，請求對商標註冊予以取消。

在註冊的具體方式上，各國法律規定也有所不同。如美國實行主冊和副冊兩部制。按照美國商標法，凡為所有人正當使用，能用以識別本人的商品，並且不違反國家法令，又不與他人已經註冊的商標相近似者，准予註冊列入「主冊」；如果申請註冊前已在國際商業中使用一年的商標，或者在外銷中使用未及一年，但為了向國外申請註冊的需要，可以申請將商標註冊列入「副冊」。英國則將商標註冊簿分為 A 部和 B 部。A 部註冊要求較嚴，商標必須具有顯著性，經過 7 年絕對生效，他人不得再以使用在先為由而提出異議；B 部註冊則相對寬鬆，不要求有顯著性，只要日後透過使用為公眾所識別即可。

在商標權的保護期限上，日本為註冊之日起 10 年，法國為 7 年，美國為 20 年。另外，商標註冊應考慮當地文化傳統和社會風俗。例如，英國禁止用山羊、雄雞、大象等作商標；日本則禁止用菊花進行商標註冊申請。以上這些都是特許人在申請商標註冊時應該考慮的問題。

4.有關「回授」條款

所謂回授(grant-backs)指技術供方要求技術受方對所提供的技術作出改進時，將改進的技術向供方通報、轉讓或構成供方的一部份。

回授損害了受方改進技術的積極性，但完全禁止回授也會損害技術供方的積極性，因此各國一般都不將回授本身視為違法，只有在規定技術供方無須給予受方任何補償或承擔非互惠義務，即單方回授時，回授本身方構成違法。例如，日本 1947 年《反壟斷法》和墨西哥 1982 年新的《技術轉讓法》均禁止在合約中規定技術回授條款，但互惠或有償回授除外。

而在連鎖加盟中，特許人往往要求受許人對於他的商標、專有技術等進行發展、改進，並要求改進後的技術為特許人所有。至於該回授是否有償，《標準合約》沒有明確規定，但在 1998 年 4 月 15 日國際商會對《標準合約》作出的解釋中規定：「所有基於受許人對特許人商標的使用而產生的一切商譽均為特許人所有，在連鎖加盟協議期滿或終止時，不得要求為該商譽支付報酬。」由此可見，國際商會在合約的回授條款中，對回授持非有償的態度。而在有的連鎖加盟合約中可能明確訂有無償回授的條款，這種條款在某些國家可能違反有關法律的規定。

5. 對專有技術的法律保護

專有技術(know-how)是特許權的重要組成部份，由於它沒有工業產權，不受各國工業產權法的保護，因此，連鎖加盟合約往往都訂有保密條款。這一條款實際上使專有技術受到合約法的保護，即透過訂立合約的方式，使保護專有技術成為合約當事人的一項義務，這也是目前對專有技術保護所採用的最為普遍的一種方式。

除了合約法之外，當事人還可以透過以下途徑對專有技術進行保護：

①侵權法保護。侵權法是各國民法的一部份，利用侵權法對專有技術進行保護，主要是依照民法中有關侵權行為的規定，對非法獲取、使用他人專有技術的行為追究侵權責任。

②反不正當競爭法的保護。用反不正當競爭法保護專有技術是世界各國的普遍做法。

例如，1993 年中國規定了商業秘密的定義以及三種被視為侵犯商業秘密的行為，同時規定對於侵犯他人商業秘密的行為，監督檢查部門可以責令停止違法行為，並據情節處以 1 萬元以上 20 萬元以下的罰款。其中，商業秘密是專有技術的一種。

③刑法的保護。例如，法國刑法規定，對洩露或企圖洩露商業秘密給外國人的公司經理、僱員，可判 2 至 5 年徒刑，並課以 1800 至 7200 法郎的罰款。日本也專門規定了「企業技術秘密洩露罪」。

除了反不正當競爭法和知識產權法之外，各國的公司法、稅法對某些特殊行業經營活動的限制以及外匯管制、進出口管制等方面的法律、法規，均會對當地連鎖加盟業務產生影響，雙方當事人在訂立合約時應充分考慮這些因素。

心得欄

11

各種商標保護、產品保護、版權保護、商業秘密保護、專利保護的細節說明

在絕大多數的特許連鎖體系中，特許人將擁有以下無形資產：

⑴商標或名稱，以及相應的商譽；

⑵一種商業模式或一種體系，其各個要素均記載於一本手冊中，有些內容可能是商業秘密；

⑶在某種情況下，可能是一種製作方法、秘方、專門技藝、設計圖樣和操作的文件；

⑷上述某些項目的版權。

在簽訂特許合約時，應準確清楚地列示特許人擁有的無形資產，以及授權受許人使用這些無形資產的種類和範圍。

特許人的知識產權是特許業務的基石，這些知識產權包括：商標、商號和服務標記；經營訣竅、方法和商業秘密(或統稱專有技術)；版權；專利權等。

1. 商標保護

商標(trade mark)是指生產商或銷售商所用來標識或區別於其他商品並表明產品來源或品質的名稱、標記或符號。註冊商標，是經過國家商標局核准註冊的商標。各國實行商標註冊原則，經過

商標註冊申請並獲得商標局的批准後，商標權人即享有註冊商標的專有權，這才有權排斥他人在同類商品上使用相同或類似的商標，也才有權對侵權活動起訴。未經核准註冊的商標一般不能作為商標權的客體。在這裏，商標註冊的申請人，必須是依法登記，並能獨立承擔民事責任的企業、個體工商戶、具有法人資格的事業單位，以及作為《保護工業產權巴黎公約》成員國，或與有商標保護雙邊協定的其他國家的外國人或外國企業。

此外，商標法規定為商品商標、服務商標、集體商標、證明商標提供註冊保護。企業、事業單位和個體工商業者，對其生產、製造、加工、揀選或者經銷的商品，需要取得商標專用權的，應當申請商品商標註冊；如果不是銷售有形的商品，而是為顧客提供服務項目，應當申請服務商標。其中，集體商標是由工商業團體、協會或其他集體組織的成員所使用的商品和服務商標，用以表明商品的經營者或服務的提供者屬於同一組織、具有共同的特點。證明商標是附在商品上證明生產某產品的廠商身份、商品的原料、商品的功能或商品的品質的標誌。商品與服務項日都可以使用證明商標。證明商標的所有人，與它所證明的商品或服務項目的產銷人或經營人不能是同一個人，也就是說，證明商標不能證明自己的商品或服務項目的品質與功能。

由此可見，商標有產品商標、服務商標、集體商標與證明商標四種。

⑴商標使用的有關形式

作為註冊商標所有人的特許人，透過簽訂商標使用許可合約，許可受許人使用其註冊商標後，受許人即獲得了該註冊商標的使用權(而不是該註冊商標的所有權)。

根據商標管理制度，註冊商標可以依法許可使用。根據註冊商標許可是否具有排他性的特點，可將註冊商標分為獨佔使用許可和一般使用許可兩種形式，其保護範圍有所不同。

①獨佔使用許可。獨佔使用許可是指特許人只許可一個受許人在規定的地區和指定的商品上獨家使用其註冊商標。特許人在規定的範圍內不僅不能再許可第三方使用其註冊商標，而且自己使用時也受到限制。獨佔使用權具有排他性，享有獨佔使用權的受許人可以行使禁止權，即在規定範圍內，禁止他人使用與該註冊商標相同或近似的商標。如果他人實施了侵權行為，受許人除可以禁止其使用外，還可以要求賠償。

②一般使用許可。一般使用許可是指特許人允許不同的受許人同時使用同一註冊商標。享有一般使用權的受許人，不享有其他受許人使用該註冊商標的禁止權。如果非受許人對該註冊商標實施了侵權行為，受許人可以協助特許人查明事實，由特許人向商標管理機關請示查處或直接向司法機關提出控告。

⑵註冊商標的期限、範圍和獨有權

特許人與受許人透過簽訂商標使用許可合約，允許受許人使用其註冊商標，應按《商標法》的有關規定和雙方簽訂的商標使用許可合約執行。

使用註冊商標的期限，不得超過特許人在國家商標管理機關註冊商標的有效期。通常註冊商標的有效期為 10 年，期滿需繼續使用的，其所有人可以申請續展註冊。如果特許人對其註冊商標期限屆滿不申請續展註冊，或者註冊商標期限未屆滿而申請注銷，則未到期的使用許可合約將隨著特許人商標權的失效而失效，從而使受許人的利益受到損害。因此，特許人必須保證受許人在合約有效期內，行使其對該註冊商標的使用權。

使用註冊商標的範圍，一是應符合特許人在國家商標管理機關註冊的商標商品範圍，即特許人在商標註冊時，按規定的商品分類表被核准使用的商品類別和商品名稱。受許人使用註冊商標的商品類別和商品均不得超過特許人註冊商標的商品範圍。二是應符合特許人與受許人所簽訂的《商標使用許可》中所規定的地區界限，這一般是特許人與受許人雙方約定的界限。

商標註冊人許可他人使用其註冊商標，必須簽訂商標使用許可合約。許可人必須在自商標使用許可簽訂之日起 3 個月內，將許可合約副本報送商標局備案。

⑶商標保護

未經註冊的商標如果被人假冒，或者被搶注，對連鎖加盟體系的損害將十分嚴重，甚至是毀滅性的，而且，受損害的將是整個特許體系。因此，規定連鎖加盟權中的商標必須是註冊商標，實行強制註冊，是非常必要的。同時，特許人有義務保持註冊商標的有效性，按期進行續展。否則，閃特許人未按期續展，導致商標被搶注，而造成受許人損失的，特許人應承擔法律責任。商標許可是連鎖加盟的一個主要組成部份。透過商標的專有權，可以建立特許體系的識別系統，從而維護行銷產品或服務的信譽、形象。

①恰當使用商標和服務標記。把商標作為普通詞使用的做法是不適當的。恰當使用的基本原則是：

，把商標與其環境分開。全部使用、加黑、斜體等，以使其從別的詞中脫穎而出。

· 只作形容詞使用。商標應該用作形容詞，而不是名詞、動詞或副詞。這反映了一個關於商標的基本原理：商標是品牌名稱，是用來描述商品的。

· 使用標記符號。商標應該有適當的標記符號。

商標所有權源於商標在商業中的運用。商標有價值是因為公眾購買商品時會由商標聯想到產品來源。只有標記在商業中廣泛使用才有此效果。商標所有權授予最先使用方，他享有排他權，可以用法律文件強化該權利。

②實施標準和賠償。商標所有人有權防止他人使用與其相近的商標。如果兩個商標相近，使消費者對商標所代表的商品來源和品質產生疑惑，則法庭勒令使用近似商標者停止使用，可能會要求他銷毀該商標包裝甚至所有產品，保證其不再侵犯，並賠償損失。

商標的保護涉及商標預防、商標許可、商標糾紛等。商品商標和服務商標的許可使用是連鎖加盟的一項重要內容，因此，商標的保護對於特許人和受許人都甚為重要。

2. 產品保護

在從事產品銷售的特許體系中，透過受許人實現產品的直接銷售是連鎖加盟的最終目的；而在服務貿易的連鎖加盟中，受許人向顧客提供的是服務項目。儘管也包括商品的銷售，但其銷售的商品通常都不是由特許人生產最終生產的，而是由特許人供應全部或部份原料、半成品，由受許人最終完成產品的。但是，無論是最終產品的銷售，還是間接產品的銷售，產品或服務項目都是連鎖加盟權的基本內容。

毫無疑問，特許人與受許人之間的產品供應，仍然屬於買賣關係。但是，由於連鎖加盟的特殊性，連鎖加盟的產品供應廊也有其特殊之處，有必要加以分析。合約規定：「買賣合約是出賣人轉移標的物的所有權與買受人，買受人支付價款的合約。」「標的物的所有權自標的物交付時起轉移，但法律另有規定或當事人另有約定的除外。」

在加盟合約中，能否約定產品的所有權「自標的物交付時起轉移」，即特許人將產品交付受許人，不論產品是否能夠售出，受許人都無權要求將產品退還特許人呢？我們知道，受許人一旦加入連鎖加盟體系，其對產品選擇的權利就受加盟合約約定條件的限制，甚至是完全由特許人統一安排。受許人在加入特許體系時，已經繳納了加盟費，為獲取產品的經銷權支付了對價，承擔了商業風險；受許人在取得產品時，不僅要支付產品價款，還要向特許人支付特許權使用費，要再次支付對價和承擔商業風險。那麼，受許人就承擔了雙重義務，導致合約當事人權利義務的失衡，違背合約法的公平原則。雖然法律尚未對連鎖加盟中產品供應所有權轉移時間給予特殊規定，但仍然可以援引合約法的公平原則予以判定。因此，若加盟合約直接約定產品交付受許人後財產所有權轉移受許人且是不能退貨的，應當認定該約定失效。

加盟合約應當對供應產品的所有權轉移時間予以合理約定。在法律尚未作出具體規定之前，可以考慮約定產品的所有權在交付受許人一定時間之後轉移，或者約定產品的所有權自交付時起轉移，但受許人在合理期限內可以將產品退還特許人，以平衡加盟合約雙方當事人的權利義務。同時，規定受許人承擔產品的保管責任，因保管不善造成產品受損的，應由受許人承擔損失。

對於連鎖加盟的產品供應關係，法律應予以規定。這樣，一方面防止特許人利用其優勢地位，濫用權利，向受許人銷售沒有市場競爭力的產品或者是質次價高的產品，甚至偽劣商品，損害受許人的權益；另一方面，產品交付受許人之後，由受許人承擔產品的保管責任，特許人權利才能得到平等的保護。

3.版權保護

版權保護是指由政府提供的對作者以固定的形式表現出的原始作品的財產權利加以保護。它保護作者對文學、戲劇、音樂、藝術等智力活動的使用和開發的獨佔權。作者不能要求保護其想法，但可對其想法的原始表達申請版權。

版權法保護作者或原創人對文學作品、藝術作品、戲劇、電腦軟體、動畫、聲音資料和建築圖紙的權利。因而，小說作者對小說而不是對構成小說的各種想法享有版權。電視記者可對自己報導新聞事件的語言和圖片，而不是對新聞事件本身享有權利。科技方法的發明人對如何去做的原創表達享有版權，但版權不能延伸到科技概念和步驟。有許多方法可保護該技術，如專利或商業秘密，但遊離於方法的表達方式之外的該方法不能申請版權。

版權所有人有使用和開發版權的專有權。包括：

⑴複製的專有權；

⑵在該作品基礎上準備衍生作品的專有權；

⑶向公眾發行複製品的專有權；

⑷在公開場合表演該作品的專有權；

⑸在公開場合展示該作品的專有權。

保護作者對作品的權利並不困難，作品創作完成即被賦予版權，作者不必登記、出版以及公告等。一旦作品以有形的形式完成，則作者的合法權益就產生了。根據版權法，它保護的是作者、共同作者或被作者指定的人的合法權益。唯一的例外是專業作品。專業作品是員工在職務範圍內創作的作品，版權歸屬主所有。如餐館人員的新的菜單設計，出版社職工對書的插圖設計。若作者是受合約委託而非僱員，則存在所有權問題。除非在合約中約定按職務作品處理，否則法律規定版權由作者享有。

在美國，版權的保護期一般是作者生前及死後 50 年。專業作品等另有不同：保護期為出版後 75 年或創作後 100 年之先到期者。公司持有的版權多數是專業作品的，通常適用這一規則。

如何進行版權公告？雖然不必進行正式公告，但適當公告版權有許多好處。例如，它使人注意到版權聲明因而顯示了權利所有人，為保護版權節省了法律上的成本，版權所有人被侵權時可向法院起訴，法庭會計算所有者遭受的損失並給予法定賠償。

4. 商業秘密保護

商業秘密是指不為公眾所知悉、能為權利人帶來利益、具有實用性並經權利人採取保密措施的技術信息和經營信息。其中技術信息和經營信息具體包括設計程序、產品配方、製作方法、管理訣竅、客戶名單、貨源情報、產銷策略、招投標中的標的及標書內容等。

在連鎖加盟中商業秘密可由特許人同時許可給多個受許人合法使用及擁有，因而對商業秘密的保護就極為重要。主要有以下幾種保護方式：

⑴在特許人與受許人所簽訂的加盟合約中要明確約定特許人

有關保守商業秘密的要求，以及商業秘密使用人應負的保密義務：不得向他人洩露、披露商業秘密；不得向他人有償或無償轉讓其掌握的商業秘密。

⑵特許人與受許人簽訂《商標使用許可合約》。

⑶特許人、受許人均應與所有僱員簽訂《保護商業秘密協議書》，防止僱員違反合約或違反權利人保守商業秘密的要求，發生侵犯商業秘密的行為。

⑷關於侵犯商業秘密行為的處理。依據《刑法》第 219 條的規定，侵犯商業秘密的行為給權利人造成重大損失的，即構成犯罪，處 3 年以下有期徒刑或者拘役，並處或者單處罰金；造成特別嚴重後果的，處 3 年以上 7 年以下有期徒刑。《刑法》第 220 條規定，單位犯本罪的，對單位判處罰金，並對其直接負責的主管人員和其他直接責任人員，依照上述規定處罰。

⑸依據工商局發佈的《關於禁止侵犯商業秘密行為的若干規定》，對違法披露、使用、允許他人使用商業秘密並給權利人造成不可挽回的損失的，應權利人要求，工商行政管理機關可採取行政處罰措施，包括責令其停止違法行為，並可根據情節輕重處以罰款，對侵權物品可作如下處理：責令並監督侵權人將載有商業秘密的圖紙、軟體等返還權利人；監督侵權人銷毀使用權利人商業秘密生產的，流入市場將會造成商業秘密公開的產品，但權利人同意採取收購、銷售等其他處理方式的除外。對侵權人拒不執行處罰決定，繼續實施侵權行為的，視為新的違法行為，從重予以處罰。

如果商家有重要信息不願為競爭對手所知，商業秘密便為該信息提供了有效和高效的保護。在許多場合，都會有人要接觸到商業秘密，當商業秘密多人共用時有兩種方法可進行保護：合約或特定關係的存在，如僱員關係，保密和忠誠已經是其職責。此類合約也稱保密協議，首先承認機密信息由公司所有，接受一方將繼續保密，只在公司授權範圍內使用，不得向第三方洩密。這種協定內容在僱用新職員時也會出現在僱用協議中。

任何有不願為人所知的機密的商家都應採取措施保護商業秘密。這類措施主要包括：

①進行商業秘密審查(內部常規審查)；

②在機密文件中明確標明「機密信息——未經某公司書面允許嚴禁複製」；

③對員工進行保密重要性和保密措施的培訓；

④同時接觸機密的員工以及合約對方簽訂書面保密協定；

⑤員工離職時，採取措施保證所有機密信息已歸還公司，還要員工寫一個書面保證予以確認；

⑥同員工簽訂禁止同業競爭協定，許多企業要求員工承諾離職後不參與同業競爭。

對於經營者而言，洩漏商業秘密是商家大忌，防漏勝於保密。保護好自己的生產、經營秘密是特許人和受許人維護自身利益的關鍵。商業秘密不像專利，不必登記；商業秘密持續期沒有規定。因此，只要符合定義，它就一直延續。可口可樂的配方已保密數十年，而且只要能為公司帶來競爭優勢，還會繼續保持下去。

5. 專利保護

專利是指受《專利法》保護的發明，也稱專利權。一項技術要成為專利，必須具備三個條件，即：新穎性、創造性、實用性。新穎性是指以前沒有過的；創造性是指其技術水準超過了以前的技術水準；實用性是指其技術可以在產業上使用。專利分為發明專利、實用新型專利和外觀設計專利。專利是一種知識產權，在專利有效期限內可以交換、繼承以及轉讓。

申請專利應具備的條件是：

(1)在法定範圍內，新的有用的步驟、機器、製造方法或改進等；

(2)新穎性；

(3)實用性；

(4)專利對象非一般技能所能輕易理解。

發明者要想保護發明要做許多事情，謹慎記錄是其中之一。發明人應書面記錄發明的每一個細節，使用照片或圖片，並由非共同發明人作證。當發明被測試或實際應用時，發明者應繼續記錄其表現。

發明者必須小心預防發明在申請專利前被公開。否則，他將失去申請專利的全部權利。

申請專利的程序極具複雜，多數情況下由專業人士，如專利律師或專利代理所為。專利代理先要搜索以前的專利和出版物，如果發現本發明明顯由以前的發明而來，或已失去新穎性，則不必繼續申請。

申請書包括對發明及其應用的詳細描述，以及對發明的某些方面的證實，必要時還應用圖示說明其工作原理。要上繳申請費。申請由專利審查員審核，首先確定專利是否完整，其次搜索現有專利和出版物以決定是否應授予其專利。審查員將提出各種意見，申請人員要予以答覆。專利申請全過程一般需要 2 年的時間。

專利權是對專利對象的法定壟斷授權。但專利權是消極權利。持有人可排除他人製造、使用、銷售該專利。當有人違反時，則專利權受到侵犯。法庭要求侵權人停止侵害，並進行賠償。有時，如果被證明是故意侵權，則要增加賠償，並支付律師費。

專利保護的客體包括發明、實用新型和外觀設計。發明專利的保護期為 20 年，實用新型與外觀設計等利的保護期為 10 年。專利技術具有新穎性、創造性、實用性，受國家法律的保護。專利權被授予後，任何單位或者個人未經專利權人許可，不得為生產經營目的製造、銷售其專利產品，或者使用其專利方法以及使用、銷售依照該專利方法直接獲得的產品。

連鎖加盟權往往包含若干項專利權或技術秘密，但並非所有連鎖加盟權都有專利權或專有技術。連鎖加盟的市場競爭力，與專利或專有技術之間並無必然的聯繫；專利及專有技術也並非連鎖加盟權的必要條件。

如果連鎖加盟權包含專利或專有技術，必然涉及對專利及專有技術的後續改進。《合約法》規定：當事人可以按照互利的原則，在技術轉讓合約中約定後續改進的技術成果的分享辦法。沒有約定或者約定不叫確的，可以協議補充；不能達成補充協議的，按照合約有關條款或者交易習慣確定；仍不能確定的，一方後續改進的技術成果，其他各方無權分享。

特許人與受許人對專利及專有技術的後續改進的技術成果，應當依照上述規定確定。但是，特許體系涉及眾多受許人的利益，專利及專有技術一旦成為連鎖加盟權的組成部份，在一定程度上就形成一種「共有」狀態。對專利及專有技術而言，由於加盟合約的排他性，因此可以受到法律的保護。如果特許人對專利及專有技術的後續改進技術成果不具有排他性，就有可能損害受許人的利益。因此，應當禁止特許人或受許人將專利及專有技術後續改進的技術成果進行轉讓或對轉讓進行必要的限制。

如果一項特許是以某一專利權或專有技術為核心建立的，對專利權具有很大的依賴性，那麼，特許人及受許人都有必要對專利或專有技術的法律狀態進行認真評價，因為，專利權從申請到授予之間的一定時期，其權利狀態是相對的，專利權的申請存在被撤銷的可能。同時，還應考慮專利的時效性及專有技術的保密性等因素。

12

麥當勞的品牌塑造

產品品牌與企業品牌是兩個不同的概念，產品品牌是以特定的產品作為品牌的主體，而企業品牌則是以特定的企業作為品牌的主體，企業品牌高於產品品牌，它是靠企業的總體信譽而形成的。

以麥當勞為例，「麥當勞」是企業品牌，其出售的「巨無霸」漢堡包、「麥辣雞」漢堡包是其菜點品牌；乾淨整潔有序的餐廳環境及至金黃色的大M標誌和門前的麥當勞叔叔的小丑造型構成了其環境品牌；快捷、細緻的服務則構成了其服務品牌。這些菜點、環境和服務組合就是麥當勞的整體產品品牌。

只要一提起麥當勞，人們馬上會想到金色的大 M 拱門或頑皮的小丑形象。可見，麥當勞的標識與麥當勞品牌已經完全融合在了一起。

1. 推出金色拱門和大 M 標誌

早在 1952 年，麥當勞兄弟為了開展特許經營業務，請建築師梅其頓進行麥當勞的品牌設計。但是對梅斯頓的設計，麥當勞兄弟卻認為缺乏變化，於是他們擅自在畫稿上畫了兩個大拱門，但立即遭到梅斯頓的激烈反對，梅斯頓甚至要求他們另請高明。於是，麥氏兄弟只好採取了迂回的辦法，在梅斯頓完工後，他們請來霓虹燈公司安裝上了那個雙頂拱門。沒想到，這竟成為了麥當勞成功的店面象徵。

2. 用麥當勞叔叔歡迎八方來客

1963 年，哥德斯坦在史考特和其廣告代理科爾米共同幫助下，繪製了一個新的小丑形象，而且它還有了一個響亮的名字：「麥當勞叔叔」。之後，哥德斯坦每年花費 50 萬美元廣告費開展了麥當勞叔叔的推廣活動，大獲成功。後來，哥德斯坦建議麥當勞總部推廣這一形象到所有店鋪，開始遭到拒絕，在哥德斯坦的多次勸說下，總部才於 1965 年讓麥當勞叔叔正式出現在電視廣告中，成為世界麥當勞的形象大使。

3. 用專業化思維強化品牌形象

使一個品牌成名並不難，難的是使這個品牌積聚優秀的專業化形象。麥當勞並非能提供世界上最好的事物，但是它能做到讓人們普遍相信麥當勞是世界上最好的速食店，它採取的是以下策略。

只將品牌與速食聯繫起來。麥當勞品牌成功後，一直以專業化著稱，並沒有向其他行業大規模滲透，也沒有到處去特許麥當勞品牌到其他領域，從而能夠一直保持速食業老大的形象地位，使其品牌價值得到不斷增值。

麥當勞品牌是由雷· 克洛克創造的。他用專業化思維不斷地強化了麥當勞的品牌形象。但是，這是一個整合的品牌，是一個「組合」的速食，不是麥當勞雞肉，也不是麥當勞土豆，更不是麥當勞乳酪和漢堡，而是將其組合成的麥當勞快餐廳。

13

選擇合適的加盟商

2003 年 8 月，麥當勞中國發展公司宣佈，經過將近一年時間對近千名中小投資者的篩選，來自南京的郭倩倩女士成為麥當勞在內地相中的首個連鎖加盟商。

被選中的郭倩倩符合麥當勞尋找連鎖加盟候選人的所有條件：是個體經營者，且有良好品格；財務可靠，至少要擁有 200 萬～300 萬元人民幣的資金；有敏銳的商業感覺，有成功經營生意的記錄；對麥當勞的品牌有極大的熱情，經過一年嚴格的專業培訓等。

麥當勞對加盟者的選擇非常謹慎，不但要考察經濟實力和業務素質，對加盟者的心理素質及管理能力也是重點的考察因素。麥當勞只選擇個人加盟者，而且要求加盟者終身加盟，把經營麥當勞餐應作為自己的事業而不是謀生的手段。

1. 連鎖加盟的精神

獨特的連鎖加盟方式集中體現了麥當勞公司與連鎖加盟者之間的互利互惠、各得其所、皆大歡喜的精神。

⑴以公平互利原則訂立連鎖合約

麥當勞拋棄了只追求向連鎖加盟者收取高額權利金的傳統做法。也放棄了盟主佔盡所有有利條件而把不利條件千方百計轉嫁給連鎖加盟者的操作方式，不向加盟者強行搭配出售用具，而是堅持先加盟店主賺錢、後連鎖盟主賺錢的原則。

這種「互利互惠、放水養魚」式的做法，有利於培養加盟者對連鎖盟主的忠心，從而形成了「你有我有大家有」的賺錢方式。

⑵高度統一、嚴格管理的運作模式

要求所有的連鎖店和連鎖加盟者必須反映麥當勞的精神實質：快速、統一。不得絲毫改變麥當勞的樣式，必須實行與麥當勞一樣的菜單、一樣的價格、一樣的操作設備、一樣的用具等等。

通過責、權、利的三方結合，儘量激發加盟店的積極性，使其為自己、為公司的利益而努力，從根本上使麥當勞成為一個穩定的、品質統一的企業。

⑶有獎有懲，嚴格管理，決不容許犯規

經營得法、效益好的連鎖店主可以獲准購買新店的連鎖權，使加盟連鎖店主賺得更多。而經營不善、不遵守麥當勞協議的「犯規者」就會被毫不留情地清除出麥當勞，誰也不例外。

2. 只選個人不選企業

在麥當勞看來，品質是企業的生命。寧願放慢連鎖店的發展速

度，也絕對不降低整個連鎖體系的品質。麥當勞捨棄「區域連鎖」的制度，堅持連鎖店一個一個地開，連鎖權一份一份地賣。麥當勞一次只賣一個連鎖餐廳的經營權，價格是 950 美元。

這種方式有利於新開的連鎖店在沒有內部競爭壓力的環境下，有一個比較理想而寬鬆的自由發展空間，比較容易經營賺錢。加盟人的選擇是特許運作中至關重要的一步，麥當勞對加盟人的甄選向來非常謹慎。

⑴加盟條件

對於麥當勞這樣一個世界級頂尖品牌來說，任何一個單體店的失敗，對麥當勞的品牌及商譽都無疑是一場災難。

加盟者的選擇是特許運作中至關重要的一步。從特許推出時間、地點的選擇，到連鎖加盟人的甄選，再到特許推廣方式的構思，麥當勞每一步棋都走得小心翼翼。

而麥當勞首次向外界公佈了在中國開展連鎖加盟業務，對加盟者的最低要求是：

①加盟者必須是個人，且終身加盟。

②有高尚的操守。

③曾在該市場工作，有成功經營的記錄。

④認識該市場的文化及習俗；

⑤願意將全部時間投入麥當勞的業務發展。

⑥願意接受為期約 12 個月的培訓。

⑦具有管理經驗。

⑧可以在連鎖加盟組織勝任。

⑨個人投資金額不少於 30 萬美元。

加盟的條件看似簡單，但其實不然。對於麥當勞來說，加盟者不僅要有錢，他們更加看重的是加盟者的個人素質，以及對經營管理的投入程度。

麥當勞在土地和建築上投資，連鎖加盟者在設備、商標和裝修上投資。麥當勞的收入通過連鎖加盟系統，按產品營業額的百分比向連鎖加盟者收取租金和特許權費，連鎖加盟者通過經營餐廳賺取利潤，而餐廳的日常業務則均由連鎖加盟者來管理。

⑵費用支付

加盟者一旦與麥當勞簽訂了加盟合約，就保證要向麥當勞上交其銷售額的 4%作為特許權使用費，外加 8.5%或更多比例的銷售額作為名牌租用費，另外還需要支付營業額的 4%作為廣告費。

這就是說加盟者每收入 100 元就要支付給麥當勞 16 元。這樣的代價換取一個公司和服務集團的網路，對於加盟商來說是相當值得的。因為一般來說，每家麥當勞連鎖店每年可以賺取 200 萬元以上。

⑶接受培訓

除了滿足資金、經驗、能力等條件限制外，還必須接受為期一年的培訓。麥當勞有遍佈美國、英國、德國、日本和澳大利亞的國際培訓系統。僅美國中心就有 30 名常駐教授，具有 27 種語言的同聲翻譯能力，畢業生至今已有 7 萬人之多。

這一名副其實的「漢堡大學」向他們的特許經銷商和餐廳經理傳授管理經驗和企業文化，以達到產品和服務的一致性和連貫性。

麥當勞的成功並不在於其洋速食的口味，而在於其標準化的生產和管理，以及由此而形成的幽雅舒適的就餐環境和精心營造的餐飲文化。正是這套系統，使麥當勞服務由無形變成有形，也使麥當勞速食由美國走向了全世界。

3.規範的加盟程序與合約

在加盟者提出申請後，麥當勞總部會及時進行對申請者的信譽調查和市場調查，在對申請加盟者進行一系列嚴格的考核後，如果麥當勞認為申請加盟者符合要求，便與之簽訂加盟合約。雙方就可以立即開始著手加盟店的工程設計和施工，同時麥當勞總部開始對加盟店的經理及服務人員進行培訓。

麥當勞加盟合約書上的基本條款是由麥當勞總部制定的，因此加盟者幾乎沒有修改合約的餘地。

麥當勞在選擇加盟者上是十分謹慎的。某一個加盟者若被選中，就必須嚴格按麥當勞標準經營，不允許任何的變動，以保證整個連鎖加盟體系的利益。

麥當勞總部要求申請加盟者必須有能力、有條件符合總部的整體經營規劃，包括加盟店的位置、市場、經營範圍、資金和擔保能力等等。一般的程序是申請加盟者提出申請後，總部即對其進行信譽調查和市場調查，調查合格後再與申請者展開合約簽訂過程。

麥當勞加盟合約書上的基本條款是由總部制定的。申請者應符合總部對加盟店的統一要求，因此幾乎沒有修改合約條款的餘地。加盟合約的期限一般規定為3～5年，但也可長達10年以上。

合約書主要規定了總部與加盟店各自的權利和義務，包括：

⑴麥當勞的標誌和商號的使用權；

⑵店址和經營地域的限定範圍；

⑶店面內外裝飾的統一標準；

⑷設備投資和物資供應；

⑸加盟費和特許權使用費。

總部提供的援助有：

⑴加盟店員工的教育和訓練；

⑵促銷和廣告宣傳；

⑶財務和會計人員的援助；

⑷營運手冊的提供；

⑸經營政策和有關的規定；

⑹加盟店的財務報告；

⑺商品供應條件和貨款結算方法；

⑻參與其他連鎖系統和經營的有關規定；

⑼特許權的轉讓與收回。

如果申請者同意這些條款，即可簽訂合約。雙方可以立即開始加盟店的工程設計和施工，同時對經理及服務人員進行教育、訓練。一切準備就緒後就可以開張了。由此，總部依據契約與各個加盟店建立合作關係。加盟店的經營活動必須遵守契約的規定和總部制定的規則。

在麥當勞連鎖體系中，總部處在特許權的轉讓方的位置，加盟店則是特許權的接受方。雙方以特許權合約為紐帶聯繫在一起，結合為大型的經營網路。但是，各個加盟連鎖店又擁有對自己的所有權，因此其所有權是分散的，但經營權卻是集中於總部。各個加盟店之間沒有橫向聯繫，只與總部保持縱向聯繫。總部與各個加盟店之間保持著相當緊密的關係。

餐廳投入營運以後，因為總部擁有加盟店的經營權，特別是有了契約關係的限制，而得以使其有辦法控制那些表現不佳的加盟者。如果加盟者經營不善，達不到麥當勞的標準，那麼他永遠只能得到這一家店，而無法獲得第二家店的經營權；如果業績實在太差，甚至會失去加盟者的身份。在麥當勞看來，品質是企業的生命，寧願犧牲連鎖店眼前的成長，也絕對不降低整個連鎖的品質而使連鎖夭折。

14

連鎖加盟的標準化

1955 年 3 月 2 日，雷· 克洛克在芝加哥建立了麥當勞公司的總部，自任董事長兼總經理。

同年 4 月，雷· 克洛克自己創辦的第一家麥當勞標準連鎖店也在芝加哥西區的德斯普芒斯正式開業。此店既是麥當勞公司的發源店，也是克洛克速食發跡的起點。因為這家連鎖店完全不再是麥當勞兄弟以前有名無實的連鎖店了。

克洛克自己的連鎖店一炮打響，創造了年收入 15.8 萬美元的驕人業績。同年 7 月，他又在加州的弗雷斯諾賣出了第一份連鎖加盟權，開辦了第二家連鎖店。結果，兩家連鎖店都大獲全勝，合計銷售總額高達 23.5 萬美元。

他慎重選擇加盟店主並且以誠相待，重視與加盟者之間的溝通，讓表現優異的加盟者得到進一步擴大的權利，將好的制度、管理方法逐步傳播開來；慎重選擇市場，以規範的標準要求每一個加盟店，即：產品標準化、服務標準化、促銷標準化。

就這樣，麥當勞逐步完善連鎖加盟管理系統，並借此雄踞全球速食業之首。麥當勞統一的形象、標準化的管理贏得了廣大消費者的信賴，也在全球「複製」出了數以萬計的百萬富翁。

至 1948 年，美國已有 2500 家連鎖店。由於連鎖的錢比較容易賺，加之創始人一覺醒來頓成百萬富翁的事實激勵，20 世紀 40 年代末至 50 年代初，美國市場中到處充斥著欲投身連鎖加盟業的投機商。但最終成功者卻寥寥無幾，有的僅是曇花一現，有的剛開始就失敗了。

麥當勞雖然早有聞名，但實力較弱，而且靠克洛克一人也勢單力薄。當時實力很強的速食連鎖公司有「白色城堡」、「伯格廚師」、「漢堡包王」、「乳製品皇后」等等，麥當勞公司根本無法與他們抗衡。就連當初克洛克在鄉村俱樂部的好朋友，也對他很不理解，提出疑問：「賣 15 美分一個的漢堡包也能賺大錢嗎？」

但克洛克對自己的險惡處境有清楚的認識。他在時刻關注對手的動態，憑藉自己積累 30 餘年的豐富閱歷，吸取了麥當勞兄弟連鎖店慘敗的教訓，總結對手的經營經驗，推出了自己的連鎖加盟方式。

現在的麥當勞大約每隔 15 小時就要開一家新的分店，在 40 多個國家裏，每天都有 1800 多萬人光顧麥當勞，能取得這樣的成就，和麥當勞的連鎖加盟制度是分不開的。麥當勞的連鎖加盟制度，歸納起來有以下幾點：

1. 特許費

被特許者與麥當勞公司一旦簽訂了加盟合約，就必須先付給麥當勞公司首期特許費，這筆費用為 2.25 萬美元，其中一半用現金支付，另一半以後再交。

此後，被特許者每年要向麥當勞公司交一筆特許權使用費(也稱「年金」)，數額是年銷售額的 3%；另外，每年再交納一筆房產租金，數額是年銷售額的 8.5%。

2. 協助新店開業

每開一家分店，麥當勞公司都要親自派人員前往該地區考察，協助選擇店址，並負責組織安排店鋪的建築、設備安裝，以及店鋪內外的裝潢設計，使每家分店都達到統一的標準，形成統一的形象。

3. 合約契約

除了詳細規定雙方的權利與義務外，麥當勞公司與被特許者的合約還規定了特許授權的限期，它一般是 20 年。

4. 總部責任

麥當勞公司總部並不是在收取被特許者的連鎖加盟費用之後就甩手不管，而是主動承擔許多責任。這些責任包括：

⑴協助分店進行店鋪選址及前期籌備工作。

⑵在麥當勞漢堡大學培訓分店員工。

⑶向分店提供管理諮詢。

⑷向分店提供統一的廣告宣傳、公共關係、財務諮詢。

⑸提供人員培訓所需要的各種資料、教學工具和相當的設備。

⑹向分店提供貨源時給予優惠。

5. 貨物分銷

麥當勞公司總部並不是直接向加盟分店提供餐具、食品原料，而是由總部和各專業供應商簽訂合約，再由這些供應商向各分店直接送貨、退貨。

麥當勞作為世界上最成功的連鎖加盟者之一，讓其引以為榮的是它的連鎖加盟方式、成功的異域高層拓展和國際化經營。在其連鎖加盟的發展歷程中，積累了許多非常寶貴的經驗。

⑴明確的經營理念與規範化管理，最能體現麥當勞特點的顧客至上、顧客永遠第一的重要原則。

⑵嚴格的檢查監督制度，麥當勞監督體系有三種檢查制度：一是常規性月考評；二是公司總部檢查；三是抽查。這也是保證麥當勞加盟店符合部門標準、保持品牌形象的保障。

⑶完善的培訓體系，這為受許人成功經營麥當勞餐廳、塑造「麥當勞」品牌統一形象提供了可靠保障。

⑷聯合廣告基金制度，讓加盟店聯合起來，可以籌集到較豐厚的廣告基金，從而加大廣告宣傳力度。

⑸相互制約、共榮共存的合作關係，這種做法為加盟者各顯神通創造了條件，使各加盟者行銷良策層出不窮，這又為麥當勞品牌價值的提升立下了汗馬功勞。

正是通過在連鎖加盟中實施上述策略，麥當勞獲得了巨大的成功，開創了連鎖加盟的輝煌業績。

15

加盟商的管理標準化

1957 年，窮困的芝加哥印刷工人愛伯特和妻子倍蒂想盡辦法籌措了一筆錢，想在伊利諾州沃基根開一家麥當勞的連鎖店，但他們什麼相關知識都不懂。

因為是該州的第一家麥當勞連鎖店，克洛克對他們關懷備至。克洛克知道他們沒有經驗也不富裕，於是盡力扶持，告訴他們所需要的花費，從租金、招牌到器材，手把手地教。一項一項支付之後，愛伯特只剩下現金 150 美元。

在克洛克的幫助下，愛伯特的店成了芝加哥最成功的麥當勞連鎖店。頭一年該店銷售額就高達 25 萬美元，原先貧窮得靠挨戶推銷《聖經》生存的夫妻發了財，產生了很好的賺錢示範效應，隨即為克洛克招來了客戶，連續開了 24 家連鎖分店。

連鎖加盟企業的管理歷來都是非常重要的環節，這都是因為連鎖加盟模式的統一要求。此外加盟店發展速度的快慢在很大程度上也取決於管理系統的速度、效率和標準化。麥當勞通過漢堡大學為連鎖加盟者、管理者、管理助理提供培訓。

在加盟者與麥當勞總部簽訂加盟合約後，麥當勞總部就開始對加盟者及其分店的管理人員進行必要的培訓，以保證加盟店能成功運營。

1. 標準的加盟商培訓與指導

每位麥當勞的加盟店店主，都必須在申請加盟後先到一個麥當勞餐廳工作 500 個小時，然後再到漢堡大學學習關於麥當勞的經營方針和管理問題的輔導課程。

這些課程都有助於加盟商認真貫徹麥當勞的一致性品質要求，使加盟商從一開始就提供高品質的產品與服務，而麥當勞的名聲和信譽也不會因此而受損。

⑴產品的標準化

在麥當勞的整個發展過程中，麥當勞餐廳向顧客提供的食品始終只是漢堡包、炸薯條和飲料等。儘管不同國家的消費者在飲食習慣、飲食文化等方面存在著很大的差別，但是麥當勞仍然淡化這種差別，即便有變化也只是在原有基礎上的細微變化，向各國消費者提供著極其相似的產品。

⑵經營標準化

經營標準化要求連鎖店的各個崗位、各個工序、各個環節自身運作時，盡可能做到簡單化與模式化完美結合，從而減少人為因素對日常經營的不利影響。為此，麥當勞費盡心思策劃、編寫了《麥當勞手冊》，並不斷完善、逐步推廣。

麥當勞規定，每一家連鎖店都要嚴格按照手冊操作，在保持簡潔的前提下，最大限度地追求完美，注意到經營過程中的每一項細節，甚至詳細規定了奶昔員應當怎樣拿杯子、開關機、罐裝奶昔直到售出的所有程序。

儘管世界各國的市場都無一例外地在不斷變化，儘管不同國家的市場環境存在著極大的差別，但整個麥當勞無論是美國國內的連鎖店還是遍佈世界各地的連鎖店，幾乎都採取了一種高度相同的行銷管理模式，採取一種以不變應萬變的市場行銷策略。

⑶分銷的標準化

無論是麥當勞自己經營的連鎖店，還是授權經營的連鎖店，店址的選擇都有著嚴格的規定。最初的店址規定是：5 公里的半徑範圍內有 5 萬以上的居民居住。後來這一規定被更改了，並規定連鎖店必須建於繁華的商業地段，諸如大型商場、超市、學校或政府機關旁邊等。

這一規定沿襲至今，並且作為選擇被授權人的重要條件之一。不僅如此，所有連鎖店的店面裝飾與店內佈置必須按照相同的標準完成。

⑷促銷的標準化

麥當勞在其整個經營過程中始終都堅持以兒童作為主要促銷對象，其促銷理念是吸引兒童消費就吸引了全家消費，為此，店內有供兒童娛樂的場所和玩具。其促銷的方式主要是電視廣告。

為了使所制定的各項標準能夠在世界各地的連鎖店得到嚴格執行，麥當勞設立了漢堡大學，以此來培養店長和管理人員。

此外，麥當勞還編寫了一本長達 400 頁的員工操作手冊，詳細規定了各項工作的作業方法和步驟，以此來指導世界各地員工的工作。

2.嚴格的加盟商約束與管理

連鎖加盟是企業迅速發展壯大的捷徑，但要防止企業不因加盟商的失敗而被拖垮，就必須對加盟商在生產和經營方面加強約束與管理。麥當勞的各分店都由當地人所有和經營管理。鑑於在速食飲食業中維持產品品質和服務水準是其經營成功的關鍵，因此，麥當勞公司在採取特許連鎖店經營這種戰略開闢分店和實現地域擴張的同時，就特別注意對各連鎖店的管理控制。

⑴加盟商是分店的所有者

麥當勞公司主要通過授予特許權的方式來開闢連鎖分店。使購買連鎖加盟權的加盟商在成為經理人員的同時也成為該分店的所有者，從而在直接分享利潤的激勵機制中把分店經營得更出色。

麥當勞公司在出售其連鎖加盟權時非常慎重，總是通過各方面調查瞭解後挑選那些具有卓越經營管理才能的人作為店主，而且事後如發現其能力不符合要求則撤回這一授權。

⑵通過程序、規則和條例使作業標準化、規範化

麥當勞公司還通過詳細的程序、規則和條例規定，使分佈在世界各地的麥當勞分店的經營者和員工們都遵循一種標準化、規範化的作業。

在麥當勞，連鎖總部從不給予任何加盟人自由經營商品的權力，更嚴格禁止任意更換經營的品種，或是在操作上自行其是的情況。為避免分散顧客對麥當勞的關注程度，在所有麥當勞的連鎖店的餐廳進行淨化，窗戶上甚至不准張貼海報，報販也不准進店兜售。

麥當勞公司對製作漢堡、炸薯條、招待顧客和清理餐桌等工作都事先進行詳實的動作研究，確定各項工作開展的最好方式，然後再編成書面的規定，用以指導各分店管理人員和一般員工的行為。

公司在芝加哥開辦了專門的培訓中心——漢堡大學，要求所有的連鎖加盟者在開業之前都接受為期一個月的強化培訓。回去之後，他們還得按要求對所有工作人員進行培訓，確保公司的規章條

例得到準確的理解和貫徹執行。

⑶設立監督機制

麥當勞在其員工手冊中對有關食品、促銷、店址的選擇和裝潢、各種工作的方法和步驟等方面都詳細給出了定性或定量的規定。為了確保所有連鎖加盟分店都能按統一的要求開展活動，麥當勞公司總部的管理人員還經常走訪、巡視世界各地的經營店，進行直接的監督和控制。

除了直接控制外，麥當勞公司還定期對各分店的經營業績進行考評。為此，各分店要及時提供有關營業額和經營成本、利潤等方面的信息，這樣總部管理人員就能把握各分店的經營動態和出現的問題，以便商討和採取改進的對策。

⑷獨特的組織文化

麥當勞公司的另一個控制手段，是在所有經營分店中塑造公司獨特的組織文化，這就是大家熟知的「品質超群，服務優良，清潔衛生，貨真價實」口號所體現的文化價值觀。

麥當勞公司的共用價值觀建設，不僅在世界各地的分店，在上上下下的員工中進行，而且還將公司的一個主要利益團體——顧客也包括進這支建設隊伍中。麥當勞的顧客雖然要求自我服務，但公司特別重視滿足顧客的要求，如為他們的孩子開設遊戲場所、提供快樂餐廳和組織生日聚會等，以形成家庭式的氣氛。

3.讓加盟商沒有後顧之憂

麥當勞的分工十分精細，連鎖店採購保證有貨、配送方便快捷。麥當勞有一套完整、有效的供應體制，各連鎖店所需原材料及半成品，都有專人專車負責代勞，加盟人不必操心，更不會產生配送不齊、補給不足之憂。

例如：總部將選定好的麵包、番茄醬、芥末等原料的供應商介紹給連鎖店，由其雙方按麥當勞的進出貨標準直接從事交易。

交易過程十分簡單，它不僅免去了連鎖店尋找貨源、組織運力等麻煩，而且還能得到供應商穩定的合作，從而使連鎖店經營者能夠騰出更多的時間和精力，去專心致志地做好自己的本職銷售工作。在其他細節方面，麥當勞也做到了高度的統一。

麥當勞總部為連鎖加盟者提供相同的技術設備支援。麥當勞採用機械化的操作和標準化設備，保證產品品質的統一性。麥當勞的用人制度也比較獨特，只有服務員，沒有廚師，所有廚師都被機械替代了，在很大程度上減少了人力資源的成本和勞力的強度，保證食品品質穩定統一，而且極大地提高了食品生產速度。

麥當勞的廚房與櫃檯之間是一排機器，包括飲料機、雪糕機等廚具設備，由專門指定的公司為其提供。同時，麥當勞還在開發新的生產設備和系統，用以提高競爭的能力。

心得欄 --

16

針對員工的特許連鎖經營

麥當勞認為員工不僅具有豐富的工作經驗，而且對麥當勞的熱愛也是其他人根本無法比擬的，過去公司辛苦培養起來的員工正是如今加盟者的最合適人選。日本麥當勞的特許連鎖制度有員工特許連鎖加盟和一般特許連鎖加盟兩種形式，現在日本的麥當勞有員工連鎖加盟店鋪 400 多家，一般特許連鎖加盟店鋪則不到 100 家。

筆者綜合報章雜誌的報導，員工特許連鎖加盟制度是麥當勞鼓勵員工在事業上進行獨立，成為麥當勞的連鎖加盟者，該制度目前正在蓬勃發展，也是麥當勞今後發展特許連鎖經營的基本方針和主要戰略。這個制度促成了麥當勞員工可以擁有對企業的使用權，激勵員工進行更高層次的人生設計。對廣大員工來說，只要努力就能夠成為麥當勞的經營者，實在是充滿了魅力，因此將麥當勞作為自己終生奮鬥的戰場是麥當勞員工的最終期望。

1. 成為連鎖加盟者的員工資格

成為連鎖加盟者的員工必須具有以下資格：

⑴ 在麥當勞工作 10 年以上，身心健康，且夫婦雙方能夠同心協力地從事麥當勞店鋪經營的員工。

⑵ 老資格店長或者擁有事務等級五級以上資格的、為麥當勞公司作出卓越貢獻的、已經得到上司獨立許可的員工。

⑶在連鎖加盟金和保證金以外有能力調動 800 萬日元資金的員工，其資金可以是自己的資金也可以是沒有利息的、償還自由的資金。

⑷熱愛麥當勞事業，能夠專心從事麥當勞店鋪經營的員工。

2.進行連鎖加盟申請的程序

⑴直接向上司說明自己的希望，取得所屬總部以及總部負責人的許可。

⑵在員工特許連鎖註冊申請書中進行有關事項的記錄，並取得所屬總部以及總部負責人的許可印。

⑶在申請書中附上銀行存款證明書等有關資金調動的資料，向特許連鎖部提交。

⑷向指定的銀行賬號匯入申請保證費。

3.店鋪不動產的說明

加盟者對經營麥當勞的店鋪不動產情況應予說明：

⑴一般來說，對目前正處於經營中的店鋪進行評判，對符合條件的不動產則附上簽約條件和參考資料等予以說明。

⑵根據培訓和店鋪經理班子的情況，決定具體的店鋪開張日期。

⑶根據情況，麥當勞也對自己已經確定的新不動產進行說明。

①原則上必須具備在轄區各地開設店鋪的條件。

②要保證在距離店鋪 1 小時(利用公共交通工具)以內的地方居住。

4.特許連鎖合約的內容

⑴麥當勞店鋪經營的業務委託合約。

⑵合約期限為自開張日起 10 年，10 年以後重新簽約。

⑶加盟金、保證金。

⑷一般情況下，員工特許連鎖的一號店鋪採取 BFL(營運設備租賃)方式開始經營。

⑸取得特許連鎖使用權以後的員工向麥當勞支付以下資金：

①特許費；

②廣告宣傳費；

② BFL。

⑹如果麥當勞提供的是新不動產，那麼在店鋪正式開張時要負擔以下費用：

①麥當勞負擔項目。向不動產所有者支付保證金、押金、建設協助金、電話加入權金以及一項在 10 萬日元以上的日常備品、內部裝修、招牌等的建設費。

②加盟者負擔項目。店鋪正式開張時的宣傳費、培訓費、工作服費以及一項在 10 萬日元以下的日常備品費、客戶支付的日常用品購買費。

5. BFL 方式

BFL 方式是指加盟者最初不需要準備購買店鋪的資產，由麥當勞負擔店鋪資產、基本費用(保證金、押金、建設協助金、建設成本等)和租金，然後再出租給加盟者的方式。加盟者在自店鋪開張一年以後到三年以內將店鋪資產購買下來，轉為普通加盟者。

(1) BFL 方式的特徵

①加盟者沒有足夠的資金也可以開業。

②通過店鋪的經營，在 BFL 期間可以籌備足夠的資金進行店鋪

資產的購買。

③購買價格以過去一年的店鋪經營狀況為依據進行計算，公平合理。

④店鋪開張的風險由麥當勞總部和加盟者共同承擔。

⑵ BFL 方式的內容

① BFL 由特許費、廣告宣傳費、BFL 構成。

②特許費採用與店鋪銷售額掛鈎的徵收方法。

③廣告宣傳費的金額由店鋪銷售額決定。

④ BFL 由店鋪、倉庫、事務所的租金、固定資產稅、折舊費、利息以及出租費決定。

⑶加盟者實習

①新加盟者通過購買店鋪資產成為普通加盟者的過程在麥當勞被稱為加盟者實習。

②由本部長會議根據店鋪開張一年以後到三年以內的最近一年的營業銷售額的百分比決定金額，然後從中扣除出租費所得到的金額，或者殘餘賬面的較高價格進行固定資產和經營權的購買。

心得欄 ------------------------------

17
連鎖特許人應當具備的條件

要開展連鎖經營業務，這個連鎖特許人就必須是正規公司，否則，他是沒有資格開展連鎖加盟業務的。

⑴依法設立的企業或者其他公司組織。

⑵擁有有權許可他人使用的商標、商號和經營模式等經營資源。

⑶具備向被特許人提供長期經營指導和培訓服務的能力。

⑷在境內擁有至少兩家經營一年以上的直營店或者由其子公司、控股公司建立的直營店。

⑸需特許人提供貨物供應的連鎖加盟，特許人應當具有穩定的、能夠保證品質的貨物供應系統，並能提供相關的服務。

⑹具有良好信譽，無以連鎖加盟方式從事欺詐活動的記錄。

特許人必須具備的條件是：

⑴具有獨立法人的資格。

⑵具有註冊商標、商號、產品、專利品和獨特的、可傳授的經營管理技術或訣竅，並有一年以上良好的經營業績。

⑶具有一定的經營資源。

⑷具備向被特許者提供長期經營指導和服務的能力。

對特許人應當具備的條件，沒有具體的量化指標，被特許人很難依照上述標準去考察特許人是否符合這些條件，在司法實踐中法官也難以依照上述標準去衡量、判斷特許人是否符合條件，從而導致法律條款的虛化。特許人的法定條件，也就是連鎖加盟市場准入的基本條件。

連鎖加盟是成功的經營模式的「複製」——特許人將具有市場競爭力的經營資源及模式許可被特許人使用，特許人「出售」給被特許人的是可以盈利的機會和潛在的市場，而不僅僅是商品的交易和品牌的許可。因此，特許人應當首先運用許可使用的經營資源及模式獲得成功並加以證明。證明的方法和途徑就是：特許人應當開展連鎖加盟的試點經營，並取得成功。

連鎖加盟的試點經營不應當被理解為單個店鋪的經營，因為連鎖加盟應當是成功地經營管理多個連鎖加盟網點，是一個「系統」，而不是單個的營業機構。單店的經營管理和連鎖經營系統的經營管理，具有本質的區別。例如：一個手藝不錯的廚師可以當好一家餐廳老闆，可以經營管理好一家餐廳，但不代表他可以管理好幾十家、幾百家餐廳。因此，連鎖經營應當具備足夠的數量。

單店的經營管理與連鎖系統的經營管理是完全不同的，連鎖經營要求在單店的基礎上建立一個能夠管理、支持所有店鋪的連鎖經營管理機構，即「總部」，具有較強的產品開發能力、經營管理能力、市場預測能力等綜合能力，即可以領導連鎖經營系統參與市場競爭。

由於沒有建立起可以量化的商業連鎖加盟市場准入標準，導致幾乎任何企業都可以以連鎖加盟的方式從事經營活動。企業為了銷售設備、產品，可以打著連鎖加盟的旗號，但在設備、產品出售後，沒有任何的後續支持，沒有任何的保障。原來從事「技術轉讓、產品回收」的企業，也重新包裝，加入商業連鎖加盟的陣營。很多企業甚至沒有建立直營的店鋪，就開始「全國範圍內誠招加盟」。這些所謂的「特許人」根本沒有成功地進行試點經營，更沒有支援一個全國性連鎖經營系統的條件和能力，其結果只能是特許人在短期內騙取加盟費用後，放任被特許人自生自滅，或者是特許人「人去樓空」。

從事連鎖加盟活動，特許人應當具有一定的經營資源，這些經營資源一般可以包括以下幾項：

1. 商標

商標包括註冊商標與非註冊商標。商標法保護的是註冊商標，註冊商標依法享有專有權。非註冊商標不享有專有權，法律對非註冊商標的保護是極其有限的。註冊商標是品牌的基本形式，原試行辦法要求特許人擁有「註冊商標」是有必要的，也是非常正確的。

2. 商號

商號又稱字型大小，是企業名稱的組成部份。在註冊商標制度建立前，商號是企業品牌的基本形式。由於現行法律體系實行對企業分級、分區域的註冊登記，商號的專有權的排他性受到制約，往往成為區域性的權利。以商號作為連鎖加盟的品牌，將可能與他人已經註冊登記的商號產生衝突。因此，立法時不宜將商號作為連鎖加盟權必須擁有的資源。

3. 經營模式

經營模式是指企業對其在生產、運營中涉及到各種資源進行組織、整合的方式，其中資源是廣義的概念，它不僅指企業內部資源、如生產經營資源，內部後勤資源和市場銷售資源；也包括外部資源，如供應商、分銷管道和競爭者等等。

經營模式創新就是對各種資源之間組織、整合方式的創新，也可理解為對各種職能活動之間聯繫方式的創新。長期以來，企業競爭的視野局限於產品、技術創新上，而忽視了經營模式的創新，實際上，由於不同模式往往決定著不同的利潤水準(對此，IT 業表現得尤為突出)，這種創新對企業發展有著極為重要的作用。戴爾公司(Dell)以直銷方式的成長過程就說明了這一點。

4.其他經營資源

除列舉的商標、商號及經營模式外，連鎖加盟權一般都還包括了其他的經營資源，包括：專利、著作權、商業秘密等知識產權，產品、原材料、設備等。

經營資源應當是經營模式組成部份，準確地表述應當是擁有……等構成的經營模式。

綜上所述，連鎖加盟的條件之一是擁有成功的經營模式，是可持續的競爭能力與盈利能力，品牌(一般表現為註冊商標)是經營模式的識別標誌。

特許人不僅要擁有成功經營的經營模式，還必須具備向被特許人提供長期的經營指導和培訓服務的能力，即特許人能夠將其所擁有的經營模式傳授給被特許人，使被特許人掌握這種經營模式。經營模式的傳授將通過兩種途徑予以實現：一是培訓，二是指導。培訓的本義是培養和訓練，使智力得到發展；指導的本義是指點引導。

連鎖加盟的培訓就是通過系統的訓練，將連鎖加盟的有關知識傳授給被特許人，使被特許人掌握經營管理的知識。培訓包括初始培訓和後續培訓。初始培訓是特許人在被特許人正式開始運營加盟店之前，對被特許人進行的系統培訓。通過初始培訓，使被特許人掌握連鎖加盟的經營模式。對被特許人的培訓，除初始培訓外，特許人需要根據發展的需要，持續不斷地進行後續培訓，更新連鎖加盟的經營模式。

連鎖加盟的指導就是特許人對被特許人(加盟店)的經營管理給予具體的指點引導，幫助被特許人更好地經營管理加盟店。這是連鎖加盟系統成功及持續穩定發展的保障。特許人的指導主要是開業指導，即在加盟店準備開業與開業時，給予全面的指導。同時，特許人也必須給予被特許人(加盟店)持續的指導，幫助被特許人解決經營管理過程中遇到的問題，更好地管理加盟店。

培訓與指導是連鎖加盟系統及加盟店成功經營的重要保障，也是特許人的主要義務之一，特許人必須全面履行培訓與指導的義務。培訓與指導的能力一般表現為特許人是否設立了相應的專業機構，是否擁有相應的專業人員，是否按照連鎖加盟的需求建立起必要的培訓、指導的機制。

從事連鎖加盟的一個基本條件，就是有兩家經營一年以上的直營店。直營店可以是特許人直接擁有的直營店，也可以是由其子公司或者控股公司建立的直營店。子公司是與控股公司相對應的法律概念。控股公司是指掌握其他公司的股份，從而能夠在實際上控制這些公司經營活動的公司。子公司是指其一定比例以上的股份被另一公司所掌握而受其實際控制的公司。子公司具有法人地位，可以獨立承擔民事責任。

特許人開展連鎖加盟時，其與直營店的法律關係如下圖所示。

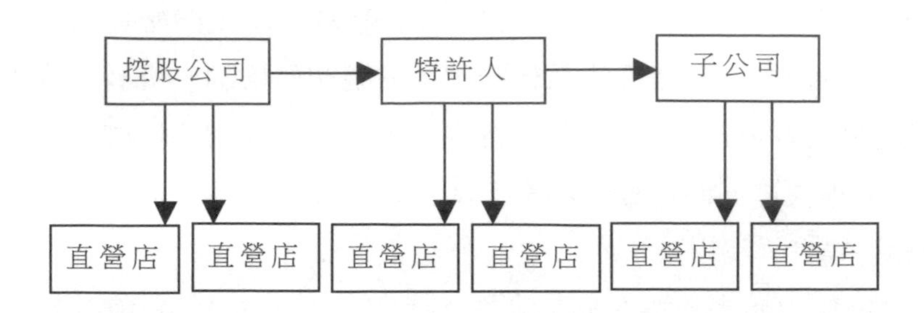

開展連鎖加盟的前提條件之一，就是特許人進行了成功的試點經營，即通過其直營店對連鎖加盟權進行了驗證，在市場經營中獲得了成功。將「兩家經營一年以上的直營店」作為特許人開展連鎖加盟的條件，設定了兩方面的條件：一是直營店的經營期限，一是直營店的店鋪數量。經營期限可以證明經營的穩定性；而店鋪數量可以證明經營的成功不是偶然的，不是單店經營的成功，而是連鎖經營系統的成功。該規定的不足之處是，以「兩家」直營店作為連鎖經營系統的起點，明顯太少，其證明力顯然不足。只有足夠數量的單店，才能構成「系統」。美國對連鎖經營的單店數量規定為 11 家以上，反映了連鎖經營系統的本質。

連鎖加盟網點通過商品的分銷實現經營目的，除少數單純提供服務的連鎖加盟系統外，都涉及貨物供應問題。

基於統一性的要求，連鎖加盟系統一般都銷售相同或基本相同的商品，但是，並不完全排除銷售商品存在差異的可能，這是由於地區市場差異、商品性質等原因而形成。對連鎖加盟來說，一定程度的商品差異化是容許的，但連鎖加盟範圍內的產品應當居於主導地位；差異化的商品是次要性的，一般不得與連鎖加盟範圍內的商品具有競爭關係。

貨物的統一供應是連鎖加盟的基本要求，因此，特許人必須建立穩定的、能夠保證品質的貨物供應系統，使被特許人可以及時獲得需求的商品。特許人在確保貨物供應的同時，還必須具有提供與商品相關的服務的能力，包括銷售商品所必須的服務及售後服務等。因此，特許人建立起穩定的、能夠保證品質的貨物供應系統及提供相關服務，也是連鎖加盟的基本條件之一。

信譽即誠實守信的聲譽，是誠實信用原則的體現。只有遵守誠實信用的基本原則，企業才能獲得良好的信譽。

欺詐的原意是指用狡詐的手段騙人。法律上的欺詐是指一方當事人故意告知對方虛假情況，或者故意隱瞞真實情況，誘使對方當事人作出錯誤意思表示的。連鎖加盟的法律關係是合約關係，因此，連鎖加盟的欺詐主要是合約欺詐。所謂合約欺詐的行為，指的是訂立合約的一方或幾方，以欺詐對方為目的，用故意不履行或使對方不能履行合約的方式，使對方遭受損失，從而使自己獲取非法利潤。這種行為嚴重擾亂秩序，人為地增大了市場經營的風險係數。連鎖加盟合約欺詐的常見現象包括：不具備簽訂連鎖加盟合約的資格、不具備履行連鎖加盟合約的能力、「皮包公司」和「作坊企業」誇大其詞、利用連鎖加盟合約格式條款設置陷阱、虛構或誇大連鎖加盟的利益引誘被特許人等。

凡具有以連鎖加盟方式從事欺詐活動的記錄，將喪失從事連鎖加盟的資格。認定特許人構成欺詐，應當是法院的判決、仲裁裁決及行政部門的處罰等。如果不是以連鎖加盟方式從事欺詐活動的，則不構成從事連鎖加盟的條件。

從規定的特許人應當具備的 6 項條件來看，並沒有太多的實質上的要求，開展連鎖加盟的條件仍然是非常寬鬆的，也不易於作出量化的判斷。

18

連鎖特許人享有的權利

特許人依據連鎖加盟合約的規定，對被特許人享有權利。特許人對作為獨立法律主體的被特許人，根據連鎖加盟系統管理的需要，在不同程度上控制了被特許人的經營管理。因此，特許人基於合約的規定，對被特許人享有維護連鎖加盟系統正常秩序的必要權利。

特許人享有的權利包括：

1. 監督權

這是特許人享有的一項最基本的權利。連鎖加盟體系的統一性和產品、服務品質的一致性，是商業連鎖加盟最重要的保障，可以說，是商業連鎖加盟系統生存和發展的生命。否則，商業連鎖加盟品牌的形象將遭受破壞，從而危及連鎖加盟系統的存在。為了確保連鎖加盟的統一性，特許人對被特許人的行為必須進行必要的監督，防止、糾正破壞連鎖加盟統一性的行為，維護連鎖加盟系統的統一。因此，監督權是維護連鎖加盟體系統一性最基本的手段。

監督權的法律依據源自商標法。連鎖加盟權的核心是商標的許可，特許人擁有的權利包含了商標權人擁有的權利。

商標法規定：「商標註冊人可以通過簽訂商標使用許可合約，許可他人使用其註冊商標。許可人應當監督被許可人使用其註冊商標的商品品質。被許可人應當保證使用該註冊商標的商品品質。」對商品(服務)品質的監督權是商標權人的基本權利，特許人在許可被特許人使用商標的同時，當然對被特許人享有商品(服務)品質的監督權。

特許人對被特許人的監督權，在商標法規定的監督權的基礎上更進一步，不僅僅是商品(服務)品質的監督，而是對「經營活動」的監督，範圍更廣，外延更寬。雖然對於服務品質的解釋可以擴展到服務的過程、程序與標準，但其範圍顯然沒有「經營活動」所涵蓋的範圍廣泛，只是「經營活動」的一部份。「經營活動」是加盟店經營管理的各個方面，包括知識產權的使用、廣告宣傳、資訊化、財務管理等。特許人對被特許人「經營活動」進行監督的依據和標準，是連鎖加盟合約，以及依據連鎖加盟合約的規定對加盟店具有約束力的營業操作手冊及其他有關加盟店經營管理的各種文件等。

2. 合約解除權

連鎖加盟合約簽訂後，特許人和被特許人都應當全面履行自己的義務，一方違反連鎖加盟合約的，對方可以要求違約方承擔違約責任，包括依照連鎖加盟合約約定的條件解除合約。被特許人違反連鎖加盟合約規定，侵犯特許人合法權益，破壞連鎖加盟體系的，特許人有權按照合約約定解除連鎖加盟合約。將合約解除權表述為「終止其連鎖加盟資格」，實際上是終止連鎖加盟合約。

根據規定，合約因下列情形之一的終止：①債務已經按照約定履行；②合約解除；③債務相互抵銷；④債務人依法將標的物提存；⑤債權人免除債務；⑥債權債務同歸於一人；⑦法律規定或者當事人約定終止的其他情形。由此可見，合約終止與合約解除是兩個不同的概念。

合約解除制度設置的目的在於，因一方當事人的根本違約致合約履行利益不能實現，對方當事人為了防止合約在違約情形下給自己造成更大的損失而採取的一種補救措施，即享有解除權的當事人採取的一種自救措施，目的在於防止損失擴大，維護自身利益。但是，並不是只要對方違約就要解除合約，而要判斷這種違約是不是根本違約，是否不採取解除措施就可能給自己造成更大的損失。也就是說，合約解除權的行使要符合正當目的。從交易成本角度來分析，合約解除意味著交易失敗，一發生違約行為就解除合約，將給市場交易帶來沉重的交易成本，並給市場交易秩序和安全帶來衝擊和破壞。正因為如此，各國合約法均對合約解除的事由作出了嚴格規定。

有下列情形之一的，當事人可以解除合約：①因不可抗力致使不能實現合約目的；②在履行期限屆滿之前，當事人一方明確表示或者以自己的行為表明不履行主要債務；③當事人一方遲延履行主要債務，經催告後在合理期限內仍未履行；④當事人一方遲延履行債務或者有其他違約行為致使不能實現合約目的；⑤法律規定的其他情形。可見，合約法對合約法定解除的條件的規定是非常嚴格的。對於合約約定解除而言，雙方在簽訂合約時，對解除事由的約定也要慎重，不要將一般違約事項規定為解除事由，更不能將法律、法規禁止的事項規定為解除事由。雙方當事人解除事由的約定，既要遵循誠實信用原則，也要遵循公平合理和社會公序良俗原則。

將「違反連鎖加盟合約規定，侵犯特許人合法權益，破壞連鎖加盟體系」規定為合約解除的條件，不符合合約法的規定。可以說，被特許人的任何違約行為，肯定屬於「違反連鎖加盟合約」的範疇。鑑於合約法對合約的解除已經作出了比較完善的規定，作為部門規章的《商業連鎖加盟管理辦法》並不需要另行作出規定。根據合約法規定，只有「法律規定的其他情形」才能作為合約法定解除的條件，部門規章不屬於合約法所指「法律」的範疇。

3. 收費權

特許人通過向被特許人收取一定的費用，從而實現發展連鎖加盟的盈利目的。特許人有權收取「連鎖加盟費」和「保證金」。

根據規定，連鎖加盟費包括加盟費、特許權使用費、服務費。特許人收取這些費用的具體金額、交納方式等應當在連鎖加盟合約中明確約定，特許人不能隨意增加或變更收費。

特許人除收取連鎖加盟費用之外，通常還向被特許人收取保證金。保證金是指為確保被特許人履行連鎖加盟合約，特許人向被特許人交納的擔保性質的費用。向被特許人收取保證金，也是特許人的權利。收取保證金的法律依據是擔保法。

4. 其他權利

除監督權、合約解除權、收費權之外，特許人可以享有的權利還有很多，如：對被特許人違約行為的處罰權，廣告審查權，等等。特許人擁有那些權利，需要特許人根據連鎖加盟系統管理的需要，由連鎖加盟合約加以約定。

事實上，在特許人所擁有的權利中，對加盟店經營管理的控制權是特許人最重要的權利。也就是說，在連鎖加盟關係中，特許人總是要求被特許人執行《加盟店操作手冊》或其他類似的管理制度，從經營過程的各個環節控制加盟店的經營管理。控制的範圍及控制程度的寬嚴取決於特許體系的特點及特許人的要求。特許人對被特許人的控制權，即一個企業通過合約而達到對另一個獨立企業經營管理的控制，是商業連鎖加盟區別於其他商業關係的主要區別之處。這也是從法律區別商業連鎖加盟與商標許可或其他法律關係的重要標準。

心得欄

19

連鎖特許人應當履行的義務

特許人在享有規定的權利的同時，也應當履行相應的義務。特許人應當履行的義務包括：

1. 向被特許人披露資訊的義務

規定了連鎖加盟的資訊披露，規定特許人應當向特許申請人提供「真實的有關連鎖加盟的基本資訊資料」，並列舉了經營業績、被特許人的經營情況、特許網點投資預算、供應貨物的條件和限制等。

由於規定得過於原則，且沒有規定虛假資訊披露的法律責任，因而其在實踐中發揮的作用是極為有限的，沒有有效發揮資訊披露制度規範連鎖加盟市場秩序，防範連鎖加盟陷阱的作用。

資訊披露制度是國際上連鎖加盟立法的重點。連鎖加盟作為一項複合型的交易，具有一定的複雜性。對一個投資項目作出客觀的判斷，其前提條件是掌握與投資項目有關的充分的、真實的、準確的資訊。因此，特許人有義務向被特許人披露有關的資訊。

當前，連鎖加盟的成功率不高，加盟失敗的現象還大量存在，其主要的原因就是投資者對連鎖加盟項目的資訊缺乏瞭解，輕信特許人的一面之詞，盲目相信特許人對市場的所謂「可行性分析」，不瞭解特許人及其網點的真實情況；特許人披露的一般是建立在所謂「可行性分析」基礎上的盈利預測，而不披露其直營店或加盟店的經營狀況；加盟後，被特許人往往才發現「盈利預測」與現實經營情況的差距。因此，如何完善資訊披露制度，讓被特許人在加盟前能夠最有效地瞭解連鎖加盟項目的資訊，成為連鎖加盟界廣泛的共識。

資訊披露制度，是《商業連鎖加盟管理辦法》最重要的進步和發展。

2. 將連鎖加盟權授予被特許人使用的義務

特許人將連鎖加盟權授予被特許人使用的義務，包括內容：將連鎖加盟權授予被特許人使用；提供連鎖加盟體系的營業象徵；提供連鎖加盟體系的經營手冊。

其中，第一項連鎖加盟權的許可使用是核心，營業象徵和經營手冊也是連鎖加盟權的表現形式。

連鎖加盟權，又稱特許權或特許組合權，是指特許人為了滿足發展連鎖加盟的需要，由特許人許可被特許人使用的商業要素的組合，這些商業要素有利於被特許人參與市場競爭、實現經營目的，並受到法律的保護。連鎖加盟權一般表現為品牌的知名度、技術優勢、產品的差異性及品質等，成為連鎖加盟的基本內容。被特許人通過獲得特許人許可使用的連鎖加盟權，從而獲得參與市場競爭的有利條件，保障被特許人成功地經營一個生意。

連鎖加盟權具有以下特徵：

⑴連鎖加盟權是商業要素的有機組合。特許人開發一項特許權，是為了達到一定的商業目的，實現更好地佔領市場，建立分銷管道，擴大企業經營規模，最終實現商業目的。在市場體制下，企

業實現商業目的是通過各種商業要素即經營資源的組合，形成一種有效的經營模式而達到的。

⑵連鎖加盟權是具有市場競爭力的商業要素。被特許人購買連鎖加盟權，也是為了實現一定的商業目的。連鎖加盟權的市場競爭力是吸引受許人購買的關鍵，不具有市場競爭力或競爭力很差的特許權，都無法吸引被特許人的加盟。

⑶連鎖加盟權是受到法律保護的商業要素。構成連鎖加盟權的商業要素必須是合法的，法律所禁止的商業要素，不能作為連鎖加盟權的構成要素，如禁止捕殺的野生動物的銷售、商品傳銷，等等。同時，構成連鎖加盟權的商業要素應當受法律的保護，包括商標權、專利權、著作權及商業秘密專有權等。連鎖加盟權的商業要素受到法律的保護，從而使得商業要素成為特許人的專有權利，而非公眾共同擁有的權利；成為一種持續的權利，而非臨時的權利。

連鎖加盟權的上述特徵，也是衡量連鎖加盟權的基本標準。有利於連鎖加盟的商業要素，由於受到法律的保護，而上升為法律賦予的權利，即連鎖加盟權。連鎖加盟權可以為特許人和受許人持續地加以使用並帶來商業上的利益。

營業象徵是連鎖加盟權的具體表現。象徵一詞的含義是指用具體事物表現抽象意義。連鎖加盟的營業象徵是指能夠識別連鎖加盟系統的標誌，一般表現為代表連鎖加盟系統的商標或商號，也包括店鋪的外觀設計等。提供營業象徵，可以是實物，也可以是營業象徵的設計方案。

所謂經營手冊是指彙集連鎖加盟有關經營、管理、技術等知識的系統資料，包括《單店營運手冊》、《VI 手冊》、《培訓手冊》等。

連鎖加盟權是法律上的權利，經營手冊是連鎖加盟權的書面表現形式。

3.為被特許人提供服務的義務

服務的含義是指履行職務，為大家做事。特許人為被特許人提供的服務包括指導、培訓及其他服務。特許人在連鎖加盟系統中居於核心作用，只有特許人切實履行了自己的職務，為全體被特許人提供系統的服務，才能保障連鎖加盟系統的正常運營和持續穩定發展。被特許人建立和經營一個連鎖加盟網點，其需要的服務是多種多樣的。其中部份服務是所有被特許人共同需要的，如培訓、指導；部份服務只是部份被特許人所需要。被特許人共同需要的服務，不僅特許人有義務提供，被特許人也有義務接受。因此，為被特許人提供開展連鎖加盟所必需的銷售、業務或者技術上的指導、培訓及其他服務，是特許人的義務之一。

4.合約約定的貨物供應義務

多數連鎖加盟系統都是通過商品(貨物)分銷實現目的。連鎖加盟系統分銷商品，主要有幾種情況：①分銷特許人生產商品，如汽車特許專賣店、品牌服裝專賣店；②分銷採購的商品，如百貨店、超市；③分銷加盟店加工的商品，如速食店。基於連鎖加盟分銷商品一致性的要求，不論是上述何種情形，商品的統一供應都是必需的，即使是加盟店加工出售的商品，一般也由特許人統一供應全部或部份原料。特許人應當按照合約約定為被特許人提供貨物供應，以確保被特許人獲得及時、充足的貨物供應。由特許人採購供應的貨物，一般都可以獲得供應商優惠的價格及供貨條件。同時，單個網點往往無法完成貨物採購，特別是在貨物品類較多的情況下。所以，由特許人向被特許人統一供應貨物，也是連鎖加盟的基本規律。

除專賣商品及為保證連鎖加盟品質必須由特許人或者特許人指定的供應商提供的貨物外，特許人不得強行要求被特許人接受其貨物供應，但可以規定貨物應當達到的品質標準，或提出若干供應商供被特許人選擇。目的是為了防止特許人利用其優勢地位，強制被特許人向被特許人供應質次價高的貨物，牟取非法利益。其願望是很好的，但仔細分析可以發現，上述規定運用到實踐中，並不能達到立法的目的。

特許人向被特許人供應貨物是「按照合約約定」，特許人向被特許人供應貨物，何需「強行要求被特許人接受其貨物供應」？除非該等貨物不在合約約定的範圍之內。

防止特許人利用其優勢地位供應質次價高的商品，應當從兩方面加以分析：①品質問題。貨物品質問題主要通過產品品質法等法律進行調整；②價格問題。一般情況下，特許人供應貨物的價格優勢是連鎖加盟系統存在的基礎之一，特許人會自覺控制貨物供應價格，連鎖加盟合約通常也有相應規定。連鎖加盟立法需要限制的是特許人違背連鎖加盟規律牟取非法利益的行為。對此，除通過價格法進行調整外，連鎖加盟立法時，可以考慮「利益公開」原則，即特許人如果通過貨物的採購與供應獲取利益的，應當向被特許人明示，公開其獲利情況，否則視為非法。

5.對指定供應的產品品質承擔保證責任的義務

保證責任是指保證人依據保證合約或法律規定所承擔的責任，當債務人不履行債務時，保證人按照法律規定或合約約定履行債務或者承擔責任。保證責任的範圍包括主債權及利息、違約金、損害賠償金和實現債權的費用。

保證分為一般保證和連帶責任保證。一般保證是指與主債務並無連帶關係的保證債務。一般保證具有補充性，當債權人未就主債務人的財產先為執行並且無效果之前，便要求保證人履行保證義務時，保證人有權拒絕，這種權利稱為先訴抗辯權。先訴抗辯權在以下情況之下不得行使：①債務人住所變更，致使債權人要求其履行債務發生重大困難；②人民法院受理債務人破產案件，中止執行程序；③保證人以書面形式放棄上述權利。連帶責任保證是指保證人與債務人對主債務承擔連帶責任的保證。連帶保證仍具有一般保證的從屬性，以主債務的成立和存續為其存在的必要條件。連帶保證不具有補充性。連帶保證人與債務人負連帶責任，債權人可先向保證人要求其履行保證義務，而無論主債務人的財產是否能夠清償。

依照法律的規定，保證人向債權人保證債務人履行債務，債務人不履行債務的，由保證人履行或者承擔連帶責任。

對部份商品，特許人如果不能統一配送時，可以要求被特許人採購指定供應商的產品。特許人在指定供應商時，應當對產品品質進行必要的審查。被特許人基於特許人的指定，向供應商進行採購。如果採購的產品出現品質問題，供應商承擔品質責任是不容置疑的，特許人也應當承擔保證責任。

特許人指定被特許人向供應商採購產品，但並不是直接向被特許人銷售產品。被特許人向特許人指定的供應商採購，是在履行連鎖加盟合約的義務，也是對特許人的信任，特許人的作用類似於一種擔保，即：基於特許人的指定(擔保)，被特許人向供應商採購。因此，規定特許人對其指定供應商的產品承擔保證責任，是極為合理的，也是有必要的。通過強化特許人的法律責任，防止特許人利用、濫用其權利，損害被特許人的合法權益。

6.合約約定的促銷及廣告宣傳義務

品牌的形象與價值需要持續不斷的宣傳，作為品牌的所有人與受益人，這是特許人與被特許人共同的責任，需要網路成員的共同參與。

從法律概念而言，按照廣告法的規定，廣告是指商品經營者或者服務提供者承擔費用，通過一定媒介和形式直接或者間接地介紹自己所推銷的商品或者所提供的服務的商業廣告。廣告限於其商業化的功能和付費式的發佈形式。宣傳不僅包括廣告，還包括通過促銷、公關等方式傳播品牌。促銷與廣告都是品牌宣傳的手段，促銷主要是通過營銷行為宣傳品牌，而廣告主要是通過資訊傳播宣傳品牌。

促銷與廣告宣傳對於連鎖加盟品牌的重要性是不言而喻。如果在連鎖加盟合約中約定了特許人在促銷與廣告宣傳的義務，特許人即負有履行的責任。

合約義務並不需要在連鎖加盟立法中作出特別規定，真正需要關注的問題是特許人經常在招募被特許人廣告中作出「巨額廣告支持」之類的宣傳，但並不將其在連鎖加盟合約中約定。

7.合約約定的其他義務

特許人除應當履行前述各項義務外，還應當履行合約約定的其他義務。特許人對連鎖加盟系統的核心，需要承擔的義務是全面的，包括：保證其擁有的知識產權的合法性的義務、保護被特許人市場區域的義務、不斷革新連鎖加盟系統的義務，等等。只有特許人全面履行了自己的義務，才能保障連鎖加盟系統持續健康的發展。

履行合約約定的義務，這是合約當事人的基本義務。合約法第八條規定：依法成立的合約，對當事人具有法律約束力。當事人應當按照約定履行自己的義務，不得擅自變更或者解除合約。因此，將合約約定的義務，在連鎖加盟立法時規定為特許人的義務，並無必要。作為特別立法，不應當重覆法律已經規定的內容，也無必要將合約義務納入法定義務的範疇。有關特許人和被特許人權利義務的規定，都存在同樣的問題。事實上，列舉當事人權利義務的立法體例，現在基本已經不再使用。這是因為，通過法律形式設定任何當事人的權利或義務，都應當具體化，而不能僅作原則性的規定。例如：特許人的資訊披露義務，如果沒有詳細規定，其立法目的是很難實現的。

心得欄 ------------------------------

20

加盟者享有的權利

特許人與被特許人作為合約的當事人，其享有的權利與承擔的義務是相對應的，特許人的義務就是被特許人的權利。被特許人享有下列權利：

1. 獲得特許人授權使用的商標、商號和經營模式等經營資源

被特許人加盟的主要目的，就是獲得特許人擁有的商標、商號和經營模式等經營資源的使用權。這是被特許人開展營業的基礎，是被特許人最基本的權利。

2. 獲得特許人提供的培訓和指導

特許人的培訓和指導，是被特許人獲得連鎖加盟權的主要途徑之一。通過培訓和指導，被特許人才能全面掌握連鎖加盟權的運營方式，獲得連鎖加盟權如何使用的具體知識。

3. 按照合約約定的價格，及時獲得由特許人提供或安排的貨物供應

由特許人供應或統一安排貨物供應，是被特許人進貨的主要管道。只有在特許人同意的情況下，被特許人才能向第三人進貨。對貨物供應的價格，連鎖加盟合約一般並不做出具體的約定，因為產品價格會隨時進行調整。連鎖加盟合約對貨物價格的約定，一般只

能是對定價原則的約定。

4.獲得特許人統一開展的促銷支持

連鎖加盟系統的宣傳，始終應當以特許人為中心，統一開展促銷與廣告宣傳。促銷與廣告宣傳的費用來源，是連鎖加盟需要考慮的問題之一。如果由特許人提供全部費用，那麼對投入費用使用情況的監督，被特許人一般是難以做到的。立法雖然規定為被特許人的權利，但該項權利的行使是不現實的。

5.合約約定的其他權利

在連鎖加盟合約中約定的被特許人的權利，還可能包括：有權獲得特許者所提供的商業秘密、對約定市場的排他性權利、設立新的加盟店的權利，等等。

心得欄

21

連鎖業加盟者應當履行的義務

與特許人享有的較全面的權利相對應，被特許人在連鎖加盟合約項下的義務也是全面的，包括接受特許人的管理。

被特許人的義務，主要有：

1. 按照合約的約定開展營業活動

連鎖加盟合約通常規定被特許人必須按經營手冊規定的內容和方式進行營業活動，以保持連鎖加盟體系的標準和統一。特許人對加盟店的營業活動，根據系統經營管理的需要，進行不同程度的控制。特許人對加盟店營業活動的控制，依據連鎖加盟合約約定的權利行使，但有關營業活動的規範，並不直接規定在合約文本中，而是由經營手冊加以規定，經營手冊成為衡量和評價加盟店營業活動是否規範的主要文件。因此，經營手冊是連鎖加盟合約的組成部份。

連鎖加盟系統營業活動的一致性，是連鎖加盟的基本特徵。如果營業活動的一致性不能得到保障，連鎖加盟的品牌形象和價值將受到破壞，從而危及連鎖加盟系統的生存和發展。按照連鎖加盟合約及經營手冊的規定開展營業活動，是被特許人最基本的義務之一。

2. 支付連鎖加盟費、保證金

按照連鎖加盟合約的約定支付連鎖加盟費和保證金，是被特許人的基本義務。加盟費和保證金的支付，一般不存在問題。被特許人不按時支付特許權使用費，則成為特許人與被特許人經常發生的糾紛。被特許人拖延繳納特許權使用費，主要還是由於特許人的原因，造成被特許人不能達到預期的經營目的或不能獲得特許人持續的支持等。一般情況下，連鎖加盟系統相對比較完善，被特許人能正常地開展經營，都能正常地支付特許權使用費。

3. 維護連鎖加盟體系的統一性，未經特許人許可不得轉讓連鎖加盟權

連鎖加盟權是一種合約權，所以連鎖加盟權的轉讓就是合約權利義務的轉讓。合約權利義務的轉讓包括三種情況：

(1)合約權利轉讓

合約權利轉讓是指不改變合約權利的內容，由債權人將權利轉讓給第三人。債權人既可以將合約權利全部轉讓，也可以將合約權利部份轉讓。合約權利全部轉讓的，原合約關係消滅，產生一個新的合約關係，受讓人取代原債權人的地位，成為新的債權人。合約權利部份轉讓的，受讓人作為第三人加入到原合約關係中，與原債權人共同享有債權。

根據合約法規定，債權人可以將合約的權利全部或者部份轉讓給第三人，但有下列情形之一的除外：①根據合約性質不得轉讓；②按照當事人約定不得轉讓；③依照法律規定不得轉讓。同時還規定，債權人轉讓權利的，應當通知債務人。未經通知，該轉讓對債務人不發生效力。

⑵合約義務轉移

合約義務轉移是指債務人經債權人同意，將合約的義務全部或者部份地轉讓給第三人。轉移合約義務是合約法賦予債務人的一項權利。合約義務轉移分為兩種情況：一是合約義務的全部轉移，在這種情況下，新的債務人完全取代了舊的債務人，新的債務人負責全面的履行合約義務；另一種情況是合約義務的部份轉移，即新的債務人加入到原債務中，和原債務人一起向債權人履行義務。但是，債權人和債務人的合約關係是產生在相互瞭解的基礎上，在訂立合約時，債權人一般要對債務人的資信情況和償還能力進行瞭解，而對於取代債務人或者加入到債務人中的第三人的資信情況及履行債務的能力，債權人不可能完全清楚。

所以，如果債務人不經債權人的同意就將債務轉讓給了第三人，那麼，對於債權人來說顯然是不公平的，不利於保障債權人合法利益的實現。因此，合約法規定：債務人將合約的義務全部或者部份轉移給第三人的，應當經債權人同意。債務人不論轉移的是全部義務還是部份義務，都需要徵得債權人同意。未經債權人同意，債務人轉移合約義務的行為對債權人不發生效力。債權人有權拒絕第三人向其履行，同時有權要求債務人履行義務並承擔不履行或者延遲履行合約的法律責任。轉移義務要經過債權人的同意，這也是合約義務轉移制度與合約權利轉讓制度最主要的區別。

⑶合約轉讓

合約轉讓即合約權利和義務的一併轉讓，又稱為概括轉讓，是指合約一方當事人將其權利和義務一併轉移給第三人，由第三人全部地承受這些權利和義務。權利和義務一併轉讓不同於權利轉讓和義務轉讓的是，它是合約一方當事人對合約權利和義務的全面處分，其轉讓的內容實際上包括權利的轉讓和義務的轉移兩部份內容。權利義務一併轉讓的後果，導致原合約關係的消滅，第三人取代了轉讓方的地位，產生出一種新的合約關係。

根據合約法有關權利轉讓和義務轉移的規定，債權人轉讓權利應當通知債務人；債務人轉移義務的必須經債權人的同意。權利和義務一併轉讓既包括了權利的轉讓，又包括義務的轉移，所以，合約一方當事人在進行轉讓前應當取得對方的意見，使對方能根據受讓方的具體情況來判斷這種轉讓行為能否對自己的權利造成損害。只有經對方當事人同意，才能將合約的權利和義務一併轉讓。如果未經對方同意，一方當事人就擅自一併轉讓權利和義務的，那麼其轉讓行為無效，對方有權就轉讓行為對自己造成的損害，追究轉讓方的違約責任。因此，合約法規定：當事人一方經對方同意，可以將自己在合約中的權利與義務一併轉讓給第三人。

連鎖加盟合約的概括轉讓，受合約法的約束。被特許人轉讓連鎖加盟合約的，必須取得特許人的同意。如果被特許人僅轉讓合約權利，那麼按照合約法的規定，則無需特許人同意。連鎖加盟合約具有一定的特殊性：連鎖加盟權具有不可分割性，原則上必須作為一項整體的權利行使，這是連鎖加盟統一性的基本要求。這屬於合約法規定的「根據合約性質不得轉讓」的情形。《商業連鎖加盟管理辦法》根據合約法的規定，對連鎖加盟權的轉讓作出特別規定，符合合約法規定。因此，按照規定，特許人與被特許人只有經對方同意方可轉讓連鎖加盟合約，這是連鎖加盟合約轉讓的基本原則。

4. 向特許人及時提供真實的經營情況、財務狀況等合約約定的資訊

連鎖加盟系統由若干經營網點組成，資訊的收集是連鎖加盟系統管理的重要內容。特許人及時獲得連鎖加盟網點的資訊，才能對資訊進行綜合分析，為經營管理決策提供依據。

特許人應當根據連鎖加盟系統的不同情況，對被特許人提供資訊的義務作出具體要求。這裏所述的經營情況與財務情況是一個比較籠統的概念，在具體執行時，應當作出具體的規定。除經營情況和財務情況之外，還可以包括以下幾方面的資訊：市場競爭的情況、侵犯特許人知識產權的情況、被特許人涉訴情況等。

5. 接受特許人的指導和監督

連鎖加盟系統由若干獨立的民事主體組成，在特許人統一的經營管理模式下進行營業。從經營管理的角度而言，連鎖加盟系統是一個系統的經營主體，特許人必須對被特許人(加盟店)的管理予以控制。特許人對加盟店經營管理的控制，最基本的方式就是將特許人對加盟店的經營管理予以控制的要求作為連鎖加盟合約及經營手冊的內容，從而對被特許人具有約束力，使其得以貫徹執行。特許人對被特許人並不享有直接的經營管理權，為確保被特許人按照連鎖加盟合約及經營手冊的規定經營管理加盟店，特許人將通過間接地手段達到目的，這就是：指導與監督，即督導。接受特許人的督導，是特許人的基本權利，也是被特許人的基本義務。

特許人通過對被特許人的督導，從中發現問題，並責成被特許人予以改進或依照連鎖加盟合約的約定予以處罰。被特許人拒不改進的，特許人可以依照連鎖加盟合約的約定對被特許人予以進一步

的加重處罰，甚至解除連鎖加盟合約。這是連鎖加盟管理與企業內部管理的本質區別。

6.保守特許人的商業秘密

商業秘密是指不為公眾所知悉、能為權利人帶來利益、具有實用性並經權利人採取保密措施的技術資訊和經營資訊。商業秘密的構成要件包括三方面的內容：

⑴該資訊不為公眾所知悉，即該資訊是不能從公開管道直接獲取的。

⑵該資訊能為權利人帶來利益，具有實用性。

⑶權利人對該資訊採取了保密措施。權利人採取保密措施，包括簽訂保密協定及其他合理的保密措施。

在特許人許可被特許人使用的連鎖加盟權中，一般均包含了特許人的商業秘密。特許人應當採取一定的保密措施，與被特許人簽訂保密協議。保密協定可以是獨立的協定，也可以在連鎖加盟合約中作出約定約定保密條款。如果被特許人的經營管理人員知悉該等商業秘密，特許人也應當與有關人員簽訂保密協議，或責成被特許人與其簽訂保密協議。

反不正當競爭法雖然對商業秘密提供了法律保護，但是，與其他知識產權不同，商業秘密不是對世權，在連鎖加盟中依賴於保密協議的保護，而且商業秘密一旦公開，特許人將喪失其擁有權。因此，是否將商業秘密納入連鎖加盟權的範疇，特許人需要予以全面評估。

22

授權許可使用的連鎖加盟權內容

連鎖加盟權是知識產權的組合，連鎖加盟權的許可使用是連鎖加盟合約的核心。知識產權是指自然人或法人對自然人通過智力所創造的智力成果，依法確認並享有的權利。知識產權除商標權、商號權、專利權、著作權及商業秘密之外，還包括其他的一些知識產權。

世界知識產權組織制定的《建立世界知識產權組織公約》規定「知識產權」的範圍包括：①與文學、藝術及科學作品有關的權利(指版權或著作權)；②表演藝術家的表演活動、錄音製品和廣播有關的權利(指版權的鄰接權)；③在一切領域創造性活動產生的發明有關的權利(指專利權)；④科學發現有關的權利；⑤與工業品外觀設計有關的權利；⑥與商品商標、服務商標、商號及其他商業標記有關的權利；⑦與防止不正當競爭有關的權利；⑧一切來自工業、科學及文學藝術領域的智力創作活動所產生的權利。而世界貿易組織(WTO)《與貿易有關的知識產權協定》規定的「知識產權」的範圍則是：版權與鄰接權、商標、地理標誌、工業品外觀設計、專利、積體電路布圖設計(拓撲圖)、未披露過的資訊(商業秘密)。

對連鎖加盟權的許可使用，應當在連鎖加盟合約中對其內容、期限、地點及是否具有獨佔性作出明確約定：

⑴許可使用連鎖加盟權的內容

連鎖加盟權的內容主要表現為知識產權，連鎖加盟權所包含的知識產權，在每一個連鎖加盟系統中都是不同的，應當根據系統所擁有的知識產權在合約中作出具體約定，規定許可使用的連鎖加盟權種類及具體的權利類別。同時，還應當針對連鎖加盟權的每一項內容，就特許人保留的權利或者對被特許人使用連鎖加盟權的限制作出具體規定。例如：某一專利權的許可，僅限使用於加盟店在店鋪內出售的產品的加工，特許人保留在該區域內銷售使用該專利加工的產品。

⑵許可使用連鎖加盟權的期限

連鎖加盟的長期性、持續性，決定了連鎖加盟權許可使用的期限的長期性。

規定連鎖加盟合約期限一般不得少於 3 年，正是基於連鎖加盟的特點作出的規定。短期的分銷管道的建立不符合連鎖加盟的規律，應當以其他方式建立為宜。連鎖加盟合約規定的期限應當符合《辦法》的要求，同時，還應當就合約的展期及展期的條件等作出相應規定。

⑶許可使用連鎖加盟權的地點

特許人許可被特許人使用連鎖加盟權，不僅要規定加盟店設立的具體地點，通常還會規定一個保護性的區域即商圈，在該商圈範圍內不得再設立加盟店。對商圈的保護，可以是絕對的，也可以是相對的，即並非絕對地不設立第二家加盟店，但規定了設立第二家加盟店的必要條件，通常還會賦予被特許人優先發展權。這樣做的目的，是基於對市場發展的考慮，保證連鎖加盟系統充分有效地佔領市場。

(4)許可使用連鎖加盟權的獨佔性

連鎖加盟權的使用許可，包括獨佔許可、排他許可、普通許可三種形式。獨佔許可是指特許人只能准許被特許人在特許區域內獨家使用連鎖加盟權；排他許可是指特許人准許被特許人在特許區域內使用連鎖加盟權，不得再許可他人使用，但特許人仍然保留使用的權利；普通許可是指特許人准許被特許人在特許區域內使用連鎖加盟權，不但特許人仍然保留使用的權利，而且還保留了許可其他人使用的權利。

連鎖加盟一般都採用獨佔許可的方式。排他許可與普通許可將導致連鎖加盟系統內部單店之間不同程度的競爭，一般較少採用。

心得欄 ------------------------------------

23

炸雞速食連鎖的肯德基

肯德基是世界最大的炸雞速食連鎖企業，肯德基的標記 KFC 是英文 Kentucky Fried Chicken(肯德基炸雞)的縮寫，它已在全球範圍內成為有口皆碑的著名品牌。

1930 年，肯德基的創始人哈蘭· 山德士在家鄉美國肯德基州開了一家餐廳，在此期間，山德士潛心研究炸雞的新方法，終於成功地發明了有十一種香料和特有烹調技術合成的秘方，其獨特的口味深受顧客的歡迎，餐廳生意日益興隆，秘方沿襲至今。肯德基州為了表彰他為家鄉作出的貢獻，授予他山德士上校的榮譽稱號。

山德士上校一身西裝，滿頭白髮及山羊鬍子的形象，已成為肯德基國際品牌的最佳象徵。

山德士上校的成功起始於他 40 歲在肯德基州經營苛賓(Corbin)加油站時。為了增加收入，他開始自己製作各式小吃，提供給路過的旅客，因為他烹煮美食的名聲吸引了過往的旅客，生意自此緩慢穩定地成長。上校最著名的拿手菜，就是他精心研製發明的炸雞。這也是肯德基現今最受歡迎的產品。美味的炸雞雖然吸引了眾多慕名而來的顧客，然而傳統的炸雞方法卻使顧客必須等待三十分鐘才可享用美食。到了 1939 年，這個難題在上校參觀一個壓力鍋展示時得到解答。上校購買了一個壓力鍋回家，做了各項有關烹煮時間、壓力和加油的實驗後，終於發現一種獨特的炸雞方法。這個在壓力下所炸出來的炸雞是他所嘗過的最美味的炸雞，至今肯德基炸雞仍沿用該炸雞方法。上校的事業在 1950 年代中期面臨著一個危機，他的 Sanders Cafe 餐廳所在地旁的道路被新建的高速公路所通過，使得他不得不售出這個餐廳。當時的上校已 66 歲，但他自覺尚年輕，不需靠社會福利金過日子，這成了他事業的轉機。上校用他那 1946 年出品的福特老車，載著他的十一種香料配方及他的得力助手——壓力鍋開始上路。他到印第安州、俄亥俄州及肯德基州各地的餐廳，將炸雞的配方及方法出售給有興趣的餐廳。1952 年設立在鹽湖城的首家被授權經營的肯德基餐廳建立，令人驚訝的是，在短短五年內，上校在美國及加拿大已發展有 400 家的連鎖店，這便是世界上餐飲加盟特許經營的開始。

肯德基是世界最大的炸雞速食連鎖企業，在世界各地擁有超過 11000 多家的餐廳。這些餐廳遍及 80 多個國家，從中國的長城，直至巴黎繁華的鬧市區、風景如畫的索非亞市中心以及陽光明媚的波多黎各，都可見到以肯德基為標誌的快餐廳。

世界上每天有 1000 多萬顧客在各個肯德基餐廳品嘗著由山德士上校近半世紀前開創的肯德基原味雞，它是由十一種神秘配方裹粉烹炸而成。顧客還可在世界各地的肯德基餐廳內品嘗到近 400 多種其他食品，例如科威特的雞肉餅和日本的矽魚三明治。

肯德基為滿足消費者不同層面的需要，對顧客服務的方式也在不斷變化，除了店內用餐，還採取外賣的方式，從奧克蘭到阿爾布克爾克，在美國以及其他國家越來越多的城市已開展送餐到家的業務。而且在美國的一些城市中，肯德基餐廳還與集團內的姐妹餐廳必勝客和墨西哥風味餐廳(Taco Bell)合作，在處於繁忙街區同一餐廳網點同時為顧客提供餐點。現在，從波多黎各到加利福尼亞州的大學生們已將肯德基速食列入了日常食譜。

60 多年前，肯德基的創始人山德士上校發明烹製了如今被稱為「晚餐的替代」——提供完整的正餐給無時間在家烹飪或不願烹飪的家庭，他稱之為「一週七天的星期日晚餐」。

如今，上校的精神和遺產已成為肯德基品牌的象徵，以山德士上校形象設計的肯德基標誌，已成為世界上最出色、最易識別的品牌之一。

百勝開展的特許經營為其加盟商提供了獨一無二的機會一從一家國際大型機構獲得運營、系統和行銷方面支援的同時，擁有從屬於自己的公司，並獲得成就感和利潤。

百勝所有的加盟商都會從一個同專業領域和餐廳運作發展總部的工作人員組成的團隊中獲得支持。

百勝嚴格的選擇程序使雙方都能仔細地核查有關事實和數字。下列是有關對肯德基(KFC)的加盟商所要求的初步細節：

(1)要求加盟商是真正渴求發展的有實力的業主或經營者。

(2)加盟商應該是真正的食品服務業經營者，以「實踐」為管理方向，能很快掌握該行業的基本知識，並證明具有在一定區域內擴大發展的潛力。

(3)該加盟商也必須是一名業主，負責所需股份或資金中相當大的一部份。

(4)加盟是以餐廳轉讓的形式來進行的。

(5)新的加盟商將會被授權經營一家或多家運營成熟的肯德基

餐廳。加盟者不必從零開始，避免了自行選址、開店，並招募、訓練管理員工的大量繁複的工作，從而大大降低了加盟風險，提高了成功機會。

(6)投入的資金：每個餐廳的轉讓費將在 800 萬元以上(不包括房產租賃費用)。加盟商可以自行安排融資。據調查顯示，成功的入選者需要在該項目中投入大於 70%的資金。

(7)合作的關係：加盟經營協議的首次期限至少為十年。未來的加盟商必須自願地從事肯德基加盟經營十年以上。

(8)該費用的一致性：

A. 在一個加盟經營期開始時須支付首期加盟費(每家餐廳)36200 美元(每年將根據美國方面的調整而調整)。

B. 持續的權益金費用為佔總銷售額 6%的加盟經營權使用費。

C. 另外每年應至少花費不低於總銷售額 5%的廣告費用。這些費率和費用是現行的基礎上制定的，在加盟經營合約簽訂之後十年內保持不變。

(9)培訓，培訓是加盟商成功的關鍵因素：成功的候選人將被要求參加一個內容廣泛的二十週的培訓項目，培訓包括以下內容：

A. Pride1 課程(餐廳助理)。

B. Pride2 課程(餐廳副經理)。

C. Pride3 和 4 課程(餐廳經理)。

D. 如何管理加盟經營餐廳。

E. 對總部的專門介紹。

F. 小型公司管理課程。

G. 在培訓過程中，未來的加盟經營商將承擔自己的費用。

H.有餐廳和行業經營經驗的加盟經營商可以申請免去某些培訓。

(10)雙方對風險承受的同等性：在得到 KFC 的加盟經營機會之前，加盟商必須清楚，這對雙方來說都是很大的承諾，這一點非常重要。所投入的資本是實質性的，並且存在風險。在開始之前，應去尋求一些獨立的金融指導。同樣，對 KFC 來說，這也是一項長期的業務夥伴關係。

24
加盟合約的保密條款

連鎖加盟合約的核心是知識產權的許可使用，在知識產權中，商業秘密的保密問題十分重要，因此連鎖加盟合約一般都應當訂立保密條款。連鎖加盟合約保密條款的內容一般包括：

⑴商業秘密的範圍，即那些資訊是商業秘密。

⑵保秘義務的主體，除被特許人外，還應當就知悉商業秘密的其他人員，如被特許人公司的董事、經理及其他管理人員或技術人員等，作出相應規定。

⑶保密期限，一般規定為連鎖加盟合約履行期間及終止後。

⑷被特許人採取的保密措施，被特許人應當按照特許人的規定，對許可使用的商業秘密採取保密措施，並與知悉商業秘密的員

工及其他人員，按照特許人的規定簽訂保密協定。

⑸保密義務的免除，如商業秘密非因被特許人的過錯而為公眾所知悉，被特許人的保密義務免除。

⑹違反保密義務的責任，被特許人違反保密義務，洩露、使用商業秘密，給特許人造成損害的，應當承擔違約責任。

為了更好地保護商業秘密，防止被特許人從事與特許人相競爭的業務，連鎖加盟合約往往還通過「競業禁止條款」限制被特許人在連鎖加盟期間及合約終止後的一定期限內從事與連鎖加盟相同或相類似的業務。競業禁止條款的內容與保密條款的內容是基本一致的，如競業禁止義務的主體也包括被特許人及被特許人的董事、經理、管理人員、技術人員等。

保密條款與競業禁止條款的目的主要都是為了保護商業秘密，區別在於保護商業秘密的途徑不同，保密條款是直接地限制洩露、使用商業秘密，而競業禁止條款通過限制參與競爭間接地達到限制洩露、使用商業秘密。

心得欄 ------------------------------

25

商標等知識產權的使用

連鎖加盟權包含了商標權、專利權、著作權及商業秘密等知識產權，知識產權的許可使用是連鎖加盟合約的核心。

商標是指任何能夠將自然人、法人或者其他組織的商品與他人的商品區別開的可視性標誌，包括文字、圖形、字母、數字、三維標誌和顏色組合，以及上述要素的組合。經商標局核准註冊的商標為註冊商標，受法律保護，商標權人在核定使用的商品範圍內享有專用權。商標包括商品商標、服務商標、證明商標和集體商標。連鎖加盟權中包含的商標，一般是一個主商標，也可能包括輔助性的商標。連鎖加盟許可使用的商標應當是商品商標或服務商標。註冊商標是識別商品來源的主要方式，因而連鎖加盟權一般都以商標作為連鎖加盟系統識別的標誌，成為連鎖加盟權的核心。

專利是指發明、實用新型與外觀設計。授予專利權的發明和實用新型，應當具備新穎性、創造性和實用性。

新穎性是指在申請日以前沒有同樣的發明或者實用新型在國內外出版物上公開發表過、在國內公開使用過或者以其他方式為公眾所知，也沒有同樣的發明或者實用新型由他人向國務院專利行政部門提出過申請並且記載在申請日以後公佈的專利申請文件中。

創造性，是指同申請日以前已有的技術相比，該發明有突出的實質性特點和顯著的進步，該實用新型有實質性特點和進步。

實用性是指該發明或者實用新型能夠製造或者使用，並且能夠產生積極效果。授予專利權的外觀設計，應當同申請日以前在國內外出版物上公開發表過或者國內公開使用過的外觀設計不相同和不相近似，並不得與他人在先取得的合法權利相衝突。享有專利權的發明、實用新型與外觀設計，專利權人在法律規定的時間與地域範圍內享有專用權。

專利是技術的創新，是知識經濟的基礎。

企業技術的發展離不開專利，專利是連鎖加盟系統技術優勢的屏障。

著作權又稱版權，是創作者就文學、藝術、自然科學、社會科學和工程藝術作品等享有的專有權利，以及作品的傳播者，如出版者、表演者、錄製者、廣播組織等對經過其加工、傳播的作品享有的相應的權利。根據著作權法的規定，作品包括以下列形式創作的文學、藝術和自然科學、社會科學、工程技術等作品：文字作品，口述作品，音樂、戲劇、曲藝、舞蹈、雜技藝術作品，美術、建築作品，攝影作品，電影作品和以類似攝製電影的方法創作的作品，工程設計圖、產品設計圖、地圖、示意圖等圖形作品和模型作品，電腦軟體，以及法律、行政法規規定的其他作品。

所謂創作是指作品的獨創性，獨創性就是作者獨立的智力創作，形成獨特風格的表達形式。獨創性強調創作過程的獨立性，即不是從他人的作品中照抄來的，但並不要求作品是前所未有的。只要符合或基本符合獨創性的要求，具有一定的創作高度，即使在此之前已經有創意相同或近似的作品問世，創作出來的作品都受到保護。著作權包括下列人身權和財產權：發表權、署名權、修改權、保護作品完整權、複製權、發行權、出租權、展覽權、表演權、放映權、廣播權、資訊網路傳播權、攝製權、改編權、翻譯權、彙編權及取得報酬權。

連鎖加盟的著作權許可使用包括兩種方式，一是特許人許可被特許人在其經營管理過程中運用其著作權，如按照特許人創作的設計方案裝修加盟店、發佈特許人製作的廣告；二是特許人許可被特許人分銷包含其著作權的商品，如被特許人按照特許人創作的電腦軟體為客戶開發應用系統。

商業秘密的保護範圍包括「技術資訊」和「經營資訊」，包括設計、程序、產品配方、製作技術、製作方法、管理訣竅、客戶名單、貨源情報、產銷策略、招投標中的標底及標書內容等資訊。連鎖加盟權一般都包含有商業秘密，如特許人制定的經營手冊等。有的商業秘密對連鎖加盟系統起著核心作用，特別是一些產品的秘密配方構成了企業的核心競爭力。

心得欄 ------------------------------------

26

連鎖加盟合約的變更和解除

合約的變更和合約的解除是兩個關聯的法律概念，其原因在於：合約變更一般需經雙方協商，這也正是合約解除的方法之一；在發生不可抗力和一方嚴重違約的情況下，可以由當事人一方或雙方享有變更或解除合約的權利，所以，變更和解除是密不可分的。但是，合約的變更與合約的解除是兩個不同的概念，應予區分。合約變更是對原合約的非實質性條款作出修改和補充，沒有根本改變合約的實質內容，也不需要消滅原合約關係；而合約解除則要消滅原合約關係。

1. 連鎖加盟合約的變更

合約的變更有廣義和狹義二種，廣義的合約變更是指合約的內容和主體發生變化；狹義的合約變更僅指合約內容的變化。合約主體變更指以新的主體取代原來合約關係的主體，即以新的債權人、債務人取代原來的債權人、債務人，但合約內容沒有發生變化。債權人變更稱為債權轉讓或債權移轉，債務人變更稱為債務移轉。合約內容變更是指合約成立後，尚未履行或履行完畢前，當事人就合約內容達成修改或補充的協定。

在這裏，合約變更指狹義的合約變更，即合約內容的變更。合約主體變更我們稱之為合約的轉讓。合約變更的條件包括：①原已存在著合約關係；②合約的變更主要經雙方當事人協商一致；③合約內容發生變化；④遵循法定程序。

合約變更是在保持原合約關係基礎上，對合約內容發生改變，實質是以變更後的合約取代了原合約關係。因此變更後，雙方當事人應按照變更後的合約履行，否則將構成違約。合約變更不發生溯及力，因此對已履行的合約債務不能要求恢復原狀。

連鎖加盟的長期性，決定了連鎖加盟合約不可能對今後發生變化的可能性都能作出預見性的規定，合約內容的變更是連鎖加盟合約的特點之一。因而，連鎖加盟合約應當對合約變更作出適當的安排。連鎖加盟合約的變更，一般應當限定在一定的範圍內，並在合約條款中預先作出規定，例如：規定合約變更的原則性條款，例如規定：特許人對合約進行的適當變更，必須是善意與合理的，且限於經營手冊規定的範圍，並不得與連鎖加盟合約的內容相抵觸；或者是對可能發生變更的事項作出具體規定，只有在符合規定時方可變更。

2.連鎖加盟合約的解除

合約解除，是指在合約有效成立後，當解除合約的條件具備時，因當事人一方或雙方意思表示，使合約自始或僅向將來消滅的行為。合約解除分為約定解除和法定解除。

⑴約定解除

根據合約自由原則，合約當事人可以通過約定或行使約定的解除權而解除合約，只要當事人的約定不違法或違反社會公共利益、公共道德。約定解除有兩種情況：

①協議解除

協議解除即合約成立後，在沒有履行或沒有履行完畢前，產生了特殊事由，當事人通過協商達成協定解除合約，使合約效力歸於消滅。因為這種方式是在合約成立後通過協商解除合約，而不是在訂立合約時就約定解除，因而稱為事後協商。

②約定解除權

約定解除權是指當事人雙方在合約中約定，在合約成立後，沒有履行或履行完畢前，當事人一方在某種解除合約條件成熟時享有解除權，並通過行使合約解除權，使合約關係消滅。

⑵法定解除

法定解除是指合約成立後，在沒有履行或沒有履行完畢前，產生了法定事由，當事人一方行使法定解除權而使合約效力歸於消滅的行為。在法定解除中，有的以適用於所有合約的條件為解除條件，有的則僅以適用於特定合約的條件為解除條件。前者為一般法定解除，後者為特別法定解除。

規定一般法定解除條件：①因不可抗力致使不能實現合約目的；②在履行期限屆滿之前，當事人一方明確表示或者以自己的行為表明不履行主要債務；③當事人一方遲延履行主要債務，經催告後在合理期限內仍未履行；④當事人一方遲延履行債務或者有其他違約行為致使不能實現合約目的；⑤法律規定的其他情形。

法定解除的條件是強制性的，約定解除不得與法定解除相抵觸。因此，連鎖加盟合約在規定合約解除的條款時，必須符合法定解除的有關規定，同時針對連鎖加盟的特殊性，約定適當的解除條件，而不能籠統地規定凡是一方違反合約規定的，對方都可以解除合約。

27

連鎖加盟費用的範圍

連鎖加盟費是指被特許人為獲得連鎖加盟權所支付的費用，包括下列幾種：

1. 連鎖加盟費

連鎖加盟費是指被特許人為獲得連鎖加盟權所支付的費用，包括加盟費、使用費及其他約定的費用。

加盟費是指被特許人為了加盟連鎖加盟而向特許人支付的一次性的費用，不僅包括了獲得連鎖加盟權的許可費用，一般還包括初始培訓、商圈調查評估、開業指導等費用，甚至包括店鋪招牌費用及部份物品的費用。

特許權使用費是指被特許人為獲得連鎖加盟權的持續許可而定期向特許人支付的費用。通常情況下，特許人都通過特許權使用費的形式獲得主要收益。收取該費用的目的是為了使特許人能獲得必要的利益，以維護連鎖加盟系統的持續發展。但是，一些特許人並不收取特許權使用費，而通過商品的分銷獲得收益。特許權使用費一般按加盟店銷售收入的比例收取，或按一定標準定額收取。

其他約定的費用，是指被特許人根據合約約定，獲得特許人提供的相關貨物供應或服務而向特許人支付的其他費用。在特許人收取的服務費中，有的是被特許人必須支付的，而有的費用被特許人可自由選擇。

2. 保證金

保證金是指為確保被特許者履行連鎖加盟合約，特許人向被特許人收取的一定費用。保證金是合約擔保的方式之一。所謂合約擔保是指根據法律規定或當事人的約定而產生的確保合約債權得以實現並促使債務人履行債務的法律措施。

訂立合約的目的就是為了實現某種經濟利益，實踐中只要雙方當事人能夠認真的履行合約，訂立合約的目的必然達到。但是，合約訂立後沒有真正嚴格按照約定履行的情況也時有發生。因此，為了實現合約的目的，對合約進行相應的擔保是非常重要的。合約擔保的形式有多種，主要是保證、抵押、質押、留置、定金和優先權。保證是指保證人和債權人約定，當債務人不履行債務時，保證人按約定履行債務或承擔責任的行為。保證金是保證的一種方式。當被特許人違反連鎖加盟合約時，特許人可以按照合約約定的金額從保證金中部份或全部扣除，以保護特許人的利益。連鎖加盟雙方當事人應當根據公平合理的原則商定連鎖加盟費和保證金。

3. 連鎖加盟費的金額、支付方式以及保證金的收取和返還方式

特許人收取連鎖加盟費的種類、金額及支付方式，均應由連鎖加盟合約約定。例如：特許人可以收取加盟費，也可以不收取加盟費。也就是說，《商業連鎖加盟管理辦法》雖然規定了連鎖加盟費包括加盟費、特許權使用費、服務費，但是否收取上述費用，收取何種費用，以及收費金額與支付方式，是由連鎖加盟合約約定的。對於保證金的收取與返還，也應當由連鎖加盟合約約定。

28

連鎖加盟合約的期限

合約期限即是特許雙方關係持續的時間。這一時間有長有短，短則為 3～5 年，長則 10 年以上，沒有統一的標準。

西方法律規定：「合約的持續期應長到足以使受許人收回他的初始投資。」在合約上，還應註明允許受許人有延展期限的權利，如果合約上沒有註明延展期，而特許人又不願簽訂期限較長的合約，這很可能表明將來受許人要續約時，不得不付出一筆高額的加盟費。

連鎖加盟合約期滿後，特許人和被特許人可以根據公平合理的原則，協商確定連鎖加盟合約的續約條件。

連鎖加盟合約的期限一般不少於 3 年。對被特許人而言，連鎖加盟是一項投資，投資的回收及盈利都需要一定的期限。因此，規定連鎖加盟合約的最短期限，符合連鎖加盟的規律。《澳門商法典》第六百五十九條(合約之存續期)規定：「一、如當事人無約定期限，則合約視為無期限。二、如合約約定期限，則不得少於三年。」

連鎖加盟合約的期限一般都較長，但是，太長的合約期限，也會產生一些弊端。由於情事變遷，特許人需要不斷對連鎖加盟系統進行變革，以滿足系統發展的需要，系統的變革往往會與現行合約之間發生矛盾，合約期限過長可能會妨礙系統變革。

而在現實當中，一些連鎖加盟合約的期限很短，有的僅為一年。從經營的普遍規律來說，一年時間只是一個開始，要收回投資並獲利可能是遠遠不夠的；同時，較短的合約期限，也暴露了特許人並不在乎系統的長遠發展，而只是為了謀求短期利益，為了收取加盟費，或者銷售設備、產品獲得眼前的利潤。

連鎖加盟合約期限屆滿後，特許人與被特許人可以協商確定續約的條件，但也可以在連鎖加盟合約中直接約定續約條件，使續約條件成為合約的組成部份。無論是預先約定的續約條件，還是合約到期後商定的續約條件，都應當是公平、合理的。

特許人規定的續約條件一般包括：要求被特許人沒有發生過重大違約行為，已經支付了到期的全部款項，同意向特許人支付續約費等。

連鎖加盟合約終止後，原被特許人未經特許人同意不得繼續使用特許人的註冊商標、商號或者其他標誌，不得將特許人的註冊商標申請註冊為相似類別的商品或者服務商標，不得將與特許人註冊商標相同或近似的文字申請登記為企業名稱中的商號，不得將與特許人的註冊商標、商號或商店裝潢相同或近似的標誌用於相同或類似的商品或服務中。

連鎖加盟合約終止後，對連鎖加盟權的保護，是連鎖加盟立法需要關注的問題。連鎖加盟合約終止後連鎖加盟權的保護包括以下幾個方面：

1. 不得繼續使用特許人的註冊商標、商號或者其他標誌

特許人對其註冊商標、商號及其他的標誌享有專有權，合約的

終止，意味著許可使用權的終止。連鎖加盟合約一般還明確規定被特許人必須在合約終止後的規定期限內，撤除加盟店所使用的連鎖加盟的註冊商標、商號及其他標誌，並將此作為返還保證金的條件。

2. 不得將特許人的註冊商標申請註冊為相似類別的商品或者服務商標

按照商標分類，商標分為 45 個類別，每個類別又包括若干種商品。註冊商標的專用權，以核准註冊的商標和核定使用的商品為限。商標法規定，申請註冊的商標，同他人在同一種商品或者類似商品上已經註冊的商標近似的，由商標局駁回申請。該規定符合商標法的規定。

3. 不得將與特許人註冊商標相同或近似的文字申請登記為企業名稱中的商號

商標專用權和企業名稱權均是經法定程序確認的權利，分別受商標法律法規和企業名稱登記管理法律法規保護。企業名稱登記管理的法律並未禁止企業使用與他人註冊商標相同或近似的商號，所以被特許人如果將與特許人註冊商標相同或近似的文字申請登記為企業名稱中的商號，一般是可以的。這種現象有時導致了嚴重的誤導。

為了解決註冊商標與商號的衝突，規定商標中的文字和企業名稱中的字型大小相同或者近似，使他人對市場主體及其商品或者服務的來源產生混淆(包括混淆的可能性)，從而構成不正當競爭的，應當依法予以制止。由於被特許人在合約期內長期使用特許人的註冊商標，如果在合約終止後繼續使用與特許人註冊商標相同或近似的文字作為商號，就容易導致他人對市場主體及其商品或者服務的來源產生混淆。因此，連鎖加盟立法禁止此類行為是非常必要的。

4. 不得將與特許人的註冊商標、商號或商店裝潢相同或近似的標誌用於相同或類似的商品或服務中

連鎖加盟的識別往往是由多項權利組成的，包括註冊商標、商號、門店裝潢等等標誌。連鎖加盟合約終止後，如果繼續使用該等標誌用於相同或類似的商品或服務中，都會產生商品或服務來源的混淆。所以，在合約終止後，必須全面禁止被特許人使用該等標誌。

29

特許經營合約的續簽

在授權經營的旅途中，是沒有永久車票的。你是在一個特定的時期內享有使用特許人的商標名稱和系統的權力，依照你們的經營合約，你的使用權可以持續 5 年、10 年、15 年或者更長時間。但再長也有個期限，所以不管你們的合作是否愉快，遲早你將不得不結束這種特許經營關係。

如果加盟商有意續約，請查看原來的經營合約，許多連鎖特許人規定續約應在原合約期滿之前的一段時間(例如六個月)內提出申請，當然事情並不完全由你說了算，即使你已整裝待發，經銷商仍然可以拒絕續約。有的經營項目只是短期的，不允許續約。那是你在最初形成授權關係時與經銷商之間的約定。那些的確允許續約

的特許人可以把你取消。頗具代表性的情況是，客觀存在一些可以原諒的原因，他們可能不歡迎你回到那個群體，因為你拖欠稅款，在合約期內違反了合約，或者不答應改建、培訓或其他續約條件。特許人一般都更願意和體系內優秀的受許人續約——如果你的續約申請因為在以前的合作中一些基本的要求沒做到而遭到特許人的拒絕，那恐怕就得從自己身上找原因了。

一、爭取優惠條件

同第一次簽約一樣，續約後受許人將獲得在特定時間、特定區域使用特許人商標和運作模式的權利。許多特許人都在續簽合約的時候，給予原來的受許人一定的優惠。許多續約合約期限和原合約相同，有的則會有所縮短，還有的特許人向續約者提供不受限的「永久性合約」，有的則只許延展一期。

續約費用也是有統一規定的。有的特許人不收續約費，有的特許人要麼收取幾百到幾千不等的固定數額。

對於特許人來說，鼓勵受許人續約是有意義的。選定新的經銷商並對他們進行培訓，這些工作的完成是花費很高的，並且時間長了還會損害這種品牌在市場上的競爭力。當別的受許人看到不斷有人離開時，也會影響到系統的穩定。特許人可以透過收取較低的管理費，或不收管理費的方式，向受許人傳達這樣的信息：他們是這個經營系統內有價值的成員，保持這種授權關係是重要的。

如果你沒賺錢而且對投資不滿意的話，當然不會提出續約。受許人應當事先打聽到新續約的費用是多少，如果嫌高的話就可以不考慮續約。現在對於想續約的人來說，2500 元的續約費實在是便宜。特許人收取那麼多錢是因為他需要一大筆錢來在受許人續簽合約時對其設施進行升級改造。我們希望他們的錢用在那兒。現在的使用權費和原合約一樣，所以受許人沒有理由拒絕。

但是無論續約費怎麼算，它也不應和受許人初開店時一樣高，這是因為這次受許人不是從頭來。特許人的責任小了很多，因為受許人已掌握了如何經營特許店，無須進行入門培訓、地點選擇或庫存建議。受許人的店已經在那兒了，萬事俱備。

但如被要求進行某些培訓時不要覺得奇怪。例如特許人要求受許人續約時安裝新的電腦系統和財務軟體。受許人可能得到公司總部受訓。培訓費用可能由受許人也可能不由受許人負擔，但差旅費肯定是得自負其責，儘管受許人變老也變明智了(也許還要老練些)，在特許權得到延展後受許人有權繼續得到後續支持。

二、簽署新協定

自上次簽訂特許合約後，5 年、10 年或 20 年時間已經過去了，體系和市場在不斷地演化發展，因此在多數情況下，合約的條款也要隨之改變。續約時簽份新的協議吧，這往往是新受許人的協定。特許人在這些年間不斷改變是理所應該的，這可以是費用結構和作業系統的變化，也可以是新產品或設備或不同區域權的變更。

新合約可能同你原來簽署的合約有實質上的變化。這也許對受許人有利或不利。對受許人有害的合約似乎對您不公平。畢竟這麼多年您已盡心盡職，續約則把老的受許人帶人現在運行的交易軌道上。許多受許人詫異甚至憤怒於新舊合約的出入。使用權費或廣告費用變化了，其區域大小不同了，甚至出現受限地區，將店鋪改造成當前設計(續約合約的共性)費用高昂。受許人得適時做出決定，但應準備應付而不是奇怪於此類變化。要知道，特許人要在合約方面保持一致性。記住時代是變化的，體系也同樣需要變化。如果特許人告訴受許人將不會延展特許權，受許人應立即就此諮詢律師。避免枝節橫生的一個方法就是在受許人簽訂原特許合約前，談妥對特許人在續約時變更條件能力的限制。看看下列有否發生變化：

· 保證金和廣告費；
· 商圈保護和限制競爭；
· 店面改造要求；
· 重新培訓計劃；
· 修訂條款；
· 財產所有權關係。

受許人可能會面臨使用權費和廣告費用的上漲，尤其當受許人剛加入時，使用權費和廣告費也隨體系擴張而上升。這也不是一成不變的，有的特許人對續約的受許人仍沿用原使用權費結構，經常的情況是受許人得進行重塑改造。特許人往往要求續約的受許人遵從大多數現有受許人的規範。但如果特許人要求過多的話就得注意了。合理的升級是可以理解的，還是那句話，特許人需要保持一致性。受許人得界定「合理」。例如：新的受許人的店鋪都是淺紫色的，你今後的店鋪也應該粉刷成相同的顏色，鋪上新地毯，掛上新的標誌牌，改善就餐環境，換上新設備，或增設「免下車」售貨視窗。特許人或許設定一個重置成本限額(限制要求受許人花費的數額)或給予資金激勵。

特許人在續簽合約時往往還有其他要求。他們想看到受許人能繼續佔有原地點或別的場所的證據，即租賃合約或地契，畢竟他們不想受許人當街炸著雞塊，而且受許人往往還要簽署一份前特許關係下所有主張的放棄書。這份文件的意思是：受許人如果有任何主張，現在就提出來。受許人的律師需要仔細審核新文件中與原合約不一致或受許人在原合約項下有效的主張權。特許合約或相關任何合約中那怕只是一個字的變更也會是南轅北轍，留意對實質特許關係用語的主要變化。現在一個大問題就是特許爭端的解決方式，或許特許人現要求第三方調解。這同要求受許人在特許人母國提請訴訟完全不一樣。另一個爭端的溫床即是侵權，即有人在受許人的營業區內出售商品或服務。確保規則沒有發生變化，或受許人可以忍受這種變化。

三、條款變更的談判

也許會碰到一個問題，在上一個合約期內，我一直在真誠地維護著整個體系的集體榮譽，實踐證明我是一個優秀的受許人，續約時特許人難道不應該削減自己的費用嗎？實際情況是怎樣的呢？

一般來說，合約條款都對特許人有利，受許人在談判的過程中爭取雙方都作出讓步。

加盟商可以要求改變服務區域、培訓計劃、註冊手續費、信用金以及更新設備等等，你也可以爭取特許人在成本上的額外投資，或者減緩信用金的增長率。

雖然在改變服務區域、培訓計劃、註冊手續費、成本上的額外投資等方面需要談判，但信用金和廣告費是可以改變的。你仔細考慮這些問題是很重要的。自從你加入了這個特許經營體系以來，運作成本和對受許人的支持還是停留在原來的水準上，但是時代已經變化了，維持原狀是不現實的。就拿廣告來說，舊的廣告已經老掉牙了。同時，特許人對受許人的低收費又保證不了廣告費的預算。如果他的收費降低，還會影響到他與其他特許人的關係。因為其他的特許人有一個收費標準，或對受許人收費較高。

但是，人多力量大。如果你的確認為收費不合理，對你的經營影響太大。你可以聯合其他的受許人，他們可能有同感，爭取他們的支持，以求共鳴。解決問題最好的地方是受許人協會，或者是特許經營協會。

受許人常常犯的一個錯誤是：僱一個律師來與特許人展開一場唇槍舌劍的鬥爭，而不是與特許人坐下來心平氣和地交換意見，談一談各自關心的問題，透過談判解決爭端。如果兵戎相見，沒完沒了地打官司，獲利的只能是律師，還有那些在特許經營行業中專門靠解決特許人和受許人矛盾而生存的那些部門。所以，有問題首先要與特許人坐下來談一談。如果問題確實無法透過協商解決，再去訴諸法律也不遲。

30

連鎖加盟的廣告基本原則

特許人在宣傳、促銷、出售連鎖加盟權時，廣告宣傳內容應當準確、真實、合法，不得有任何欺騙、遺漏重要事實或者可能發生誤導的陳述。

應當認識到，宣傳與廣告是經營的重要組成部份，也是作為經營者的特許人和被特許人的共同責任。只有建立起連鎖加盟系統合理的廣告與宣傳體系，才能保障連鎖加盟的持續穩定發展。連鎖加盟合約主要應當從以下幾個方面作出規定：特許人與被特許人在廣告與宣傳方面的責任。特許人對被特許人的廣告與宣傳行為的控制。如何分擔廣告與宣傳的費用及費用的管理、使用與監督。

設計、製作、發佈廣告的基本原則，即：廣告應當真實、合法，符合社會要求；廣告不得含有虛假的內容，不得欺騙和誤導消費者。

根據廣告法的規定，特許人在宣傳、促銷、出售其連鎖加盟權廣告的基本原則，即：廣告宣傳內容應當準確、真實、合法，不得有任何欺騙、遺漏重要事實或者可能發生誤導的陳述。

1. 關於廣告的準確性

所謂廣告的準確性，是指廣告必須符合事實、標準或真實情況，而不能隨意出入。要求連鎖加盟權營銷廣告必須具有準確性，是因為連鎖加盟的商業廣告是通過一定的媒介和形式直接或者間接地介紹特許人的連鎖加盟權，其目的在於推銷連鎖加盟權。只有準確反映連鎖加盟權狀況的廣告，才能使潛在的投資人客觀地認識連鎖加盟。不準確的廣告，將使投資人的判斷出現誤差。

2.關於廣告的真實性

所謂廣告的真實性，是指廣告活動必須真實地、客觀地傳播有關商品或者服務的情況，而不能作虛假的傳播。而連鎖加盟廣告對於投資者來講，具有很大的導向性，等於是向投資者推薦投資於連鎖加盟。如果廣告不真實，投資者就難免上當受騙，所以採取不真實的廣告推銷連鎖加盟權，實際上就是採用欺騙的手段進行宣傳、促銷。

3.關於廣告的合法性

所謂廣告的合法性，就是指廣告的設計、製作、發佈等廣告行為必須符合法律的規定。具體來說，就是要求特許人及其廣告經營者、廣告發佈者在進行廣告活動時，必須遵守法律。合法性是社會主義市場活動的一個基本原則，廣告活動也必須遵守。

隨著連鎖加盟行業的發展，連鎖加盟權的營銷廣告也得到了迅速的發展，但在發展的同時，也出現了一些問題，其中比較突出的問題就是虛假廣告或者含有虛假內容的廣告，欺騙和誤導投資人。

虛假廣告並非連鎖加盟所獨有。規定：「經營者不得利用廣告或者其他方法，對商品的品質、製作成分、性能、用途、生產者、有效期限、產地等作引人誤解的虛假宣傳。」「廣告的經營者不得在明知或者應知的情況下，代理、製作、設計、發佈虛假廣告。」《廣告法》也明確規定：「廣告不得含有虛假的內容，不得欺騙和誤導消費者。」連鎖加盟權作為特許人向被特許人出售的一種特殊商品，同樣應當遵守上述規定。但由於連鎖加盟權本身不屬於商品的範疇，對連鎖加盟權的虛假營銷廣告，在適用上述法律時容易發生分歧。因此，針對連鎖加盟權營銷的虛假廣告作出特別立法，是十分有必要的。

要求廣告不得含有欺騙、遺漏重要事實或者可能發生誤導的陳述，實際上也就是要求廣告必須具有真實性、準確性，即廣告活動必須真實地、客觀地傳播有關連鎖加盟權的情況，而不能作虛假的傳播，更不能欺騙和誤導投資人。這是因為，商業廣告的目的就在於推銷連鎖加盟權及其服務，廣告對於投資人來講，具有很大的導向性，如果廣告中含有虛假的內容，欺騙或者誤導投資人，投資人就難免上當受騙。這種採用欺騙的手段推銷連鎖加盟權及其服務，是與社會主義市場經濟的要求格格不入的。因此，廣告中不得含有虛假的內容，不得有欺騙、遺漏和誤導。

萬客隆是荷蘭零售業巨頭，1996 年 9 月「正大萬客隆商場」在廣州開張。1997 年「中貿聯一萬客隆」北京洋橋店隆重開業，這是首批正式批准成立的兩家中外合資連鎖商業試點企業之一，開業不久就屢創銷售佳績，1998 年的「3· 15」消費者權益保護日創下了日銷售額超過 300 萬元的紀錄。萬客隆的國際品牌及其經營業績，導致萬客隆的名字成為中國零售商家複製的對象，「京客隆」、「利客隆」、「廣客隆」、「西客隆」、「閩客隆」、「盛客隆」等「複製」超市層出不窮，「客隆」似乎要成為超市的代名詞。不過，萬客隆在中國市場的擴張與輝煌業績並沒有持續多久，1998 年萬客隆開了北京的第二家店——酒仙橋店之後就沒有再開新店。這些「複製」的超市也如出一轍。

永和是台北市的一個地名。50年前，幾個由大陸到台灣的老兵復員後，在永和合夥開起了「東海」豆漿店。由於質優價廉，生意日漸紅火，引發附近街面其他豆漿店接二連三地開張。台灣弘奇食品1985年創立了「永和豆漿」，逐漸成為台灣的著名速食品牌。如今，「永和豆漿」國際連鎖店已經遍佈東南亞、北美和南美洲等將近20個國家。1997年開始進軍大陸市場，在上海成立了公司，目前有60餘家加盟店。而在1995年12月，葉落歸根的台灣人李金鵬在上海投資建立了第一家「永和豆漿大王」速食店，開張後生意紅火，隨後幾年擴張迅速。除此之外，以「永和」品牌發展的豆漿店還有杭州永和、傳統永和、全統永和、未來永和、大成永和、永成永和等。所有的「永和」，經營的都是同類食品與服務，但品質參差不齊，導致消費者的滿意度下降，品牌的忠誠度受到影響。更為奇怪的是，在北京西直門外動物園，兩家基本相同的「永和豆漿」毗鄰而居。在北京，永和豆漿店近年的店鋪數目明顯減少。

當年「永和」品牌興起之時，搭順風車給一些企業帶來了一時的經濟效益，但是當流行飄過以後，模仿的品牌由於品牌的混亂，難以得到有效的保護，又會成為連鎖加盟企業發展的障礙甚至是枷鎖。

此類現象大量存在，如華聯、冠生園、小肥羊等。南京冠生園陳餡月餅事件幾乎摧毀了各地的冠生園企業，但事實上這些冠生園與南京冠生園沒有任何法律上的關係。模仿他人商標、標識等方式，對連鎖加盟的長期發展有害無益。連鎖加盟企業也必須對自己的品牌、標識予以高度重視，予以全面有效地保護，打擊模仿行為。

31

連鎖加盟的特許區域

連鎖加盟無論採用何種許可形式，都有一個許可區域的問題。特許區域的大小，並無一定的標準或模式，但一般對分部而言，通常是一個地區，如一個省或市(縣)；而對加盟店而言，通常是指以加盟店為中心的一個商圈。

確定區域連鎖加盟的區域，主要應當考慮連鎖加盟在產品配送、成本控制及管理加盟店等方面的因素。一個分部，往往需要建立相應的配送中心進行產品配送，以滿足配送成本和配送效率的需要。連鎖加盟經常以產品配送的合理半徑劃分特許區域，但二者之間無必然的關係。有的特許系統是不需要進行產品配送的，如仲介服務業；有的系統可以很方便、快捷地實現配送，如軟體銷售業。總之，應當根據系統的要求劃分區域，使分部能夠滿足加盟店在經營管理上的需要。

分部往往要求一個較大的開發區域，希望未來獲得更為可觀的回報，而較少考慮區域劃分的合理性和自身現有的能力。解決二者之間的矛盾，有時可以通過設定一個並不完全確定的特許區域的方式。如果情況允許，總部可以考慮採取較為靈活的方法確定特許區域，並根據分部完成市場開發計劃的情況以及履約表現等作為考核分部的標準，在符合條件時，給予分部更大的特許區域；反之，則縮小其特許區域。具體涉及到區域的劃分時，問題可能要複雜得多，需要制定更為詳細的、可操作的實施方案。

加盟店的區域保護範圍，也不是一成不變的，特許人在設定加盟店保護區域時，也要考慮到市場變化的可能性。例如，根據城市郊區的現狀，可能需要以一公里範圍的商圈作為保護區域；但隨著郊區的快速發展，人口越來越多，越來越稠密，可以建立更多的加盟店，500 米成為商圈的適合區域。如果合約原來規定的區域為一公里，在情況變化後，除非受許人願意投資開設第二家加盟店，或同意修改原合約條款，否則特許人將喪失發展的機會。因此，在制定加盟店保護區域時，應當附加一些條件，如：特許人認為在特許區域內開設新店對受許人的營業不會造成實質性影響時，可以設立新的加盟店，原區域的商圈範圍變更為 800 米，但受許人享有優先權。

心得欄 ----------------------------------

32

合約期間

連鎖加盟合約的期限一般都較長，尤其是區域連鎖加盟合約，通常為 10 年以上。但是，太長的合約期限，也會產生一些弊端。由於情況變遷，特許人需要不斷對連鎖加盟系統進行變革，以滿足系統發展的需要。系統的變革與現行合約之間的矛盾，往往因受許人的堅持，特別是與眾多受許人協商變更合約條款的難度而無法解決。

利用合約期限屆滿時續訂合約的機會革新系統，是一個較好的方法。但是，一個固定期限的合約，尤其是不能達到令受許人滿意的期限時，往往會導致受許人難以接受；合約期限過短，也不利於網路成員的穩定。因此，在固定期限之外，規定一個展期的時間，可能是易於為雙方所接受的方法。展期的期限可以與最初的期限一樣，也可以適當縮短。

在某些情況下，以無期限的方式確定連鎖加盟合約的期限也是可行的，即合約期限是不固定的，只要受許人滿足合約規定的條件，合約就一直履行；同時，終止合約也應當按照合約規定的條件和程序進行。無期限合約也可以與固定期限的方式合併使用，在固定期限期滿後，賦予履行合約情況良好的受許人獲得無期限合約的權利。

連鎖加盟的內在規律，要求雙方保持長期穩定的合約關係。而在現實當中，不難發現一些企業在制定連鎖加盟合約期限時的問題，有的僅僅規定合約期限為一年期限。雖然也給予受許人續訂合約的機會，但對於續約條件等未作出明確的規定。其真實意圖往往是，在一年的合約期限屆滿時，經營情況不好的受許人不願意續訂合約，從而自動解脫了特許人的責任。

從經營的普遍規律來說，一年時間只是一個開始，要收回投資並獲利可能是遠遠不夠的；同時，較短的合約期限，也暴露了特許人並不在乎系統的長遠發展，而只是為了謀求短期利益，為了收取加盟費，或者銷售沒備、產品獲得眼前的利潤。因此，有理由質疑特許人簽訂較短期限連鎖加盟合約收取加盟費的合法性。但是，在法律尚未作出規定前，要得到司法部門的支持存在一定的困難。在立法時對連鎖加盟合約的最短期限作出規定，是有必要的。《澳門商法典》將連鎖加盟合約的最短期限規定為三年，符合連鎖加盟的內在要求，值得參考。

連鎖加盟合約在賦予受許人合約展期權時，一般會設定續約的條件，使之成為附條件的民事法律行為。

續約權應當是受許人的一項基本權利，預先設定的續約條件，應當是公平、合理的。不公平的或不合理的續約條件，將損害受許人的續約權。

續約條件中最重要的是有關受許人違約行為的約定，只有受許人較好地履行了合約義務，特許人才能給予受許人續約的機會。但是，應當認識到，連鎖加盟合約中規定的違約行為的範圍是非常廣泛的，如果不管違約行為的情節輕重都作為不能續約的條件，則實質上剝奪了受許人的續約權。

在續約時由受許人簽署一份放棄訴訟權利的文件，是國際通行的做法，目的主要是防止因續約前的爭議成為連鎖加盟合約的不穩定因素，通過續約消除不利於合約穩定的潛在障礙。表面上看，這似乎對受許人有失公平，但其實通過續約，特許人也對受許人履行合約的情況作出了肯定，包括放棄對受許人違約行為的主張，特許人也不太可能再去追究受許人續約前的違約責任，即便追究也難以得到支持。

在續約時，特許人將對受許人是否符合條件進行評估，重新進行談判，需要花費一定的時間，往往因此而收取續約費。續約費可以是一個固定的金額，也可以規定一個計算續約費的標準。

心得欄 ------------------------------------

33

對加盟商的培訓

培訓與指導是實現連鎖加盟的基本途徑，連鎖加盟合約一般應當對連鎖加盟的培訓與指導作出下列規定：

⑴ 培訓和指導的內容——培訓與指導都需要特許人持續地進行，應當分別對初始培訓與後續培訓，開業指導與後續指導作出規定。

⑵ 培訓和指導的時間地點——合理的時間與地點是培訓與指導的保證，培訓通常採用集中培訓的方式，而指導一般由特許人派出人員到加盟店進行。

⑶ 培訓和指導的費用——初始培訓與指導的費用一般視為包含在加盟費之中，後續培訓與指導的費用一般也視為包含在特許權使用費之中，不再另行收取費用。

⑷ 接受培訓人員的範圍——除被特許人必須通過培訓之外，特許人往往還規定加盟店的管理人員、技術人員等都必須通過培訓。

⑸ 培訓的考核——特許人一般要求被特許人必須通過培訓的考核，方可獲得連鎖加盟的資格；同時，要求加盟店的管理、技術等人員通過培訓考核方可上崗。

總部應當對分部人員進行培訓，參加培訓的人員及培訓課程，培訓的地點、時間由總部具體安排。

分部應當按照總部規定選派參加培訓的人員，並將參加培訓人員的情況報總部審核批准，總部有權否決分部提出的培訓人選。

對區域內加盟店經理的初始培訓由總部負責，後續培訓及對其他人員的培訓由分部負責。

根據本規定由總部組織的培訓，其費用由總部負擔，但參加培訓人員的差旅費自負。

在正式建立連鎖加盟之前，特許人通常都會對受許人進行一次集中培訓。初始培訓是連鎖加盟知識的系統傳授，通過初始培訓，使受許人基本掌握連鎖加盟系統的運營技能。對加盟店的培訓內容相對簡單一些，而對分部的培訓不僅包括加盟店運營的知識，還包括如何建立、管理連鎖加盟系統的知識。通過培訓，受許人應當學會加盟店建立與運營的基本技能，分部還必須學會如何建立起區域內的連鎖加盟網路，如何管理連鎖加盟系統，以及如何培訓區域內的加盟商，成為區域內的「特許人」。

特許人需要將有關的商業訣竅傳授給參加培訓的人員，參加培訓的人員包括經營管理人員、技術人員等。將成為連鎖加盟的經營管理人員，也是履行保密義務或競業禁止義務的主體。參加培訓的人員將按照特許人的要求簽訂保密協定和競業禁止協定，承擔保護特許人商業秘密的義務。初始培訓的人員範圍、培訓時間、培訓內容等都需要根據系統的要求而定，以受許人能夠獨立經營為原則。例如麥當勞對加盟店經理的培訓就長達一年以上的時間，其培訓要求是非常嚴格的，可能也是時間最長的培訓。

連鎖加盟企業對培訓的重視程度遠遠不夠，培訓往往非常簡單，甚至就是把一套所謂的商業策劃方案告訴加盟商即視為培訓，其餘的事全憑加盟商的悟性。即使特許人的系統確實獲得了成功，但由於受許人並未掌握進行市場運作的能力，其成功的可能性將大大降低。

保證培訓符合要求的的另一個條件就是參加培訓人員的素質，這包括如何選擇加盟商的問題，以及對加盟商選派的人員的具體要求。只有參加培訓人員的素質符合要求，才能保證培訓的品質和效果，使培訓人員能夠勝任系統工作的要求。

對受許人的培訓，除必須嚴格做好初始培訓外，還必須持續不斷地堅持培訓。特許人多年積累的知識，依靠一次初始培訓是不可能全部傳授給受許人的；同時，連鎖加盟系統本身也需要不斷完善和改進，持續不斷地培訓是必需的。

連鎖加盟合約應當對總部定期的培訓、非定期培訓以及其他培訓方式作出規定。系統採用何種方式進行培訓，應視具體情況而定，而隨著時代的發展，技術的進步，培訓方式也在不斷發展。近年來，遠端培訓成為培訓的重要手段，例如：網上培訓可以不受時間、地點的限制，使培訓人員可以非常方便地完成培訓課程，還能選修自己感興趣的培訓內容，而且使得培訓的成本大大降低。

連鎖加盟合約中要明確規定總部提供培訓的義務和分部參加培訓的義務，以及培訓的性質是強制的或非強制性的，具體的培訓手段可以規定得較為靈活一些。

通過持續不斷地培訓，向受許人傳遞總部對系統所做的每一項改進，使受許人掌握最新的經營技能，使加盟店保持統一的經營管理和服務水準，使加盟店真正成為系統的網路成員。

在區域連鎖加盟的模式下，還應當考慮到如何對加盟店進行培訓的問題。在培訓職責的劃分上，對加盟店經理及其他人員的培訓，可以由總部負責，也可以選擇由分部負責；也可以由總部對特許店經理進行培訓，而對加盟店其他人員的培訓由分部進行。無論由總部或分部進行培訓，都必須保證培訓能夠達到總部的統一要求，完成規定的培訓課程。

同樣，對加盟店的培訓也包括初始培訓和持續培訓。具體如何分擔對加盟店的培訓，在區域連鎖加盟合約中要明確選定進行培訓的方案。一般應當從培訓的品質、培訓的成本等方面進行綜合評估。由總部統一進行培訓，往往效果要好一些。

在區域連鎖加盟模式中，是否將培訓納入分部的職責範圍，是需要慎重對待的事。培訓是一門比較複雜的學問，對培訓師資的要求極高，沒有一流的培訓師資隊伍，是不可能達到高水準的培訓品質。由總部培訓的人員去完成對加盟商的培訓，其效果可能將大打折扣。由清華的教授培訓出一支水準相當的教授隊伍，這可能嗎？由總部進行統一的培訓，是最好的選擇。

分部對加盟店的培訓必須遵照總部的規定，使培訓品質達到規定的要求，並進行考核，作為考核分部及加盟店的依據。

培訓是連鎖加盟的基本手段，通過培訓使受許人掌握連鎖加盟系統運營的知識，成為合格的受許人。培訓是否達到要求，系統應當通過考核檢驗培訓的效果，使考核成為系統的一項基本制度。

如果參加培訓的人員不能通過考核，連鎖加盟合約應當明確其法律後果，尤其應當明確，對於已經簽訂連鎖加盟合約的加盟商，如果其不能完成規定的培訓時應如何處理，包括是否終止連鎖加盟合約，以及已經收取的加盟費是否返還。這種情況，一般是不大可能發生的，因為在簽訂合約時對受許人的情況早已有了充分地瞭解。

連鎖加盟合約經常規定，若受許人不能通過培訓考核時，加盟費不予返還。該規定是否合法，可能會發生爭議。一般來說，加盟費不僅包含了培訓費用，還包括了獲得連鎖加盟權許可使用的費用，如果確系由於受許人素質的原因不能通過培訓，加盟費全部不予返還似乎有失公平。但從另一個角度講，特許人的培訓通常是不對外開放的，培訓內容包含了特許人的商業經驗以及商業秘密，不予返還包括了受許人對接受培訓的補償；同時，可以防止受許人故意以不能完成培訓而終止合約。

培訓的費用通常都包括在加盟費中，而持續培訓的費用也包括在特許權使用費中，特許人一般不單獨收取培訓費用。培訓是向受許人傳授連鎖加盟的技能，是連鎖加盟權許可使用的組成部份，單獨收取費用將可能影響培訓的進行，受許人為了節約費用而不願參加培訓。

但由於參加培訓人員的原因而需要重覆進行培訓的，以及應分部的要求特別舉辦的培訓，可以考慮其費用負擔的問題。總部在制定收費標準時，也應盡可能定得低一些，畢竟系統內部的培訓與盈利性質的培訓是不同的，尤其是應分部要求舉辦的培訓，總部應當予以支持和鼓勵。

在可能的情況下，連鎖加盟系統可以採用遠端培訓的方式，在保證培訓品質的前提下，儘量降低培訓費用，增加培訓內容。「學習型組織」已經成為企業管理的重要手段，對於分散在各地的網路成員，要成為一個學習型組織，網路是最有效的途徑。

34

鄧肯甜甜圈公司：對加盟商的培訓

鄧肯甜甜圈公司是一家年銷售額達一億美元的速食特許經營公司，它的第一家店成立於 1950 年。十年後，該公司已在加拿大的 11 個郡開設了總數超過 430 家的連鎖店。它的大多數店都是由獨立的加盟商運營的，它們的所有人都在麻塞諸塞州昆塞市「鄧肯大學」經受了集中的培訓。現在共六週的培訓計劃由一個 5 週的正式課程和 6 天的工作實習組成。最後一週的 OJB 培訓則是在當地的甜甜圈店完成，培訓課程計劃中近一半內容與在甜麵包圈和類似產品的生產製作過程中的專門的生產方法有關。其他一半的課程內容則涉及零售的業主將要遇到的一些財務、人事和管理實務知識。

特許人對每一個加盟商的培訓班的教學安排，教學材料和在三十天內的每一天的培訓教學內容都制定得非常精確。

當受訓人要透過此培訓課程時，必須經過一系列的測試，這些測試包括他們對教材內容的記憶和在完成與甜甜圈產品相關操作的能力。受訓人被要求穿著統一的制服，發放與培訓相關標準的操作手冊和所有與此課程要求的其他資料。

在 2 週半的星期內，受訓人主要接受面圈生產的培訓，受訓人研究的課題範圍包括從發酵過程到炸油的正確程序、設備的維護、每爐產品的計劃等。每一位受訓人在他能繼續進行此培訓計劃的管理培訓課程之前須先透過店鋪管理培訓課程的學習。公司嘗試要將僱員們轉變為專業管理人員。受訓人被傳授面試和挑選僱員中使用的技巧，評估他們的職業表現，執行他們應承擔的其他管理任務，他還必須學習怎樣培訓自己的僱員在供應和銷售技巧方面的知識，並要求在面圈生產過程中達到熟練水準。

鄧肯甜甜圈大學的教員由一名培訓主管，二名助理及從公司總部抽調的實習培訓(OJB)技術，財務和行銷執行人員組成。當在職的受許人在甜甜圈大學畢業後，他還將參加公司在後面階段中舉辦的系列區域培訓和聯合研討班的培訓。

許多鄧肯甜甜圈大學的畢業生已成為許多特許經營店的擁用者(所有人)。提供本報告的公司只出現很少的加盟失敗的情形，這都歸因於受許人在受訓計劃中學到了高品質的培訓課程。

心得欄 ------------------------------

表 34-1 加盟商每日培訓課程表

地點/時間 (第__週第__天)	指導人	課題(培訓內容)
8：00AM 9：30AM	教員	1. 教員的自我介紹 2. 鄧肯甜甜圈大學圖 3. 培訓細節和相關手冊的時間分配 4. 培訓學校的要求、規則和制度的討論 5. 重覆 5 週培訓課程的目的、用途和範圍 6. 加盟商和其他運營人員在 5 週內培訓的內容
9：30AM	發展管理部主管	評估討論
教室 10：00AM 10：30AM	教員	1. 鄧肯甜甜圈生產的介紹 2. 鄧肯甜甜圈生產培訓手冊的分配
實習地點 10：30AM	教員	鄧肯甜甜圈生產設備和相關工具的介紹
實習地點 11：00AM 11：00AM 12：30PM	教員	怎樣生產和準備鄧肯甜甜圈的示範
午飯 12：30-1：30PM		

表 34-2　加盟商週培訓的報告

<table>
<tr><td>培訓時間：　　　　週
受訓人：
受訓地點：
培訓範圍：
甜甜圈生產：
銷售完成：
財務管理：
OJB培訓：</td><td>需要時間</td></tr>
<tr><td>甜甜圈大學課程：
理論測試：
課目：
完成日期：
得分：</td><td>實際操作測試
完成日期：
得分：</td></tr>
<tr><td colspan="2">培訓評估：</td></tr>
<tr><td>平均分：
教員：</td><td>日期：</td></tr>
</table>

35

對加盟商的前期支持

加盟店經營管理的實際操作，僅僅通過理論的培訓往往是不夠的，還需要特許人給予的全面支援。特許人給予網路成員的有力支援，是保證連鎖加盟系統持續穩定發展的保障。正因為如此，連鎖加盟理論將「支援」與「品牌」、「系統」稱之為連鎖加盟的三要素，可見其重要性。

在合約履行期間，總部應當持續不斷地向分部提供與連鎖加盟系統有關的經營、管理、技術及公共關係等方面的支援。

在開始建立至試營店正常營運時，總部應當在下列幾個分面提供系統的輔導與支援：分部及配送中心的建立與營運；試營店的選址、開業與營運；連鎖加盟系統在本區域內的改造與發展。

區域連鎖加盟合約應當結合系統的要求，確定總部對分部進行支援的具體內容，其中，前期支援尤為關鍵。俗話說：「萬事開頭難」，一個良好的開端對受許人來說具有特別重要的意義。特許人應當盡可能做好前期的支援工作，派出一定數量的具有較高業務水準和實踐經驗的專業人員，幫助受許人做好前期工作，形成一個良好的開局，建立起受許人對連鎖加盟系統發展的信心。

國內連鎖加盟行業，不僅向受許人提供的培訓不足，向受許人提供支援更是做得遠遠不夠，甚至根本談不上支持。連鎖加盟成為

「一手交錢，一手交貨」的商品交易，以收取連鎖加盟費、出售設備和產品為目的，特許人根本不關心受許人的經營好壞，受許人抱怨得不到特許人支持成為普遍現象。這樣的系統，實質上並不具備連鎖加盟的條件，不符合連鎖加盟的基本要求，說穿了還是傳統的商品交易方式的延續，只是打著連鎖加盟的招牌而已，以連鎖加盟的模式推銷產品，最多是附加了一個投資方案而已。

工作指令是特許人向網路成員發出的有關經營管理的具體指示，是總部管理連鎖加盟系統、行使對網路成員的管理權和支援義務的主要方式。經營手冊雖然對分部的運營作出了系統的規定，但不可能窮盡所有事宜，不可能解決系統所有的經營管理問題，更不可能預見到未來的發展變化，總部需要根據經營管理的需要隨時指導受許人的經營活動。工作指令是對此類文件的泛稱，具體使用時根據具體情形可以稱之為通知、決定、指示等。

有關工作指令問題，在連鎖加盟合約中需要明確幾點：

一是工作指令的效力，明確那些指令是分部必須執行的，那些指令是非強制性的。並非所有的工作指令都適用於所有的網路成員，可能因為地區差異或其他原因，不能要求所有的網路成員都執行總部發出的每一道工作指令。因此，總部在制定連鎖加盟合約時，要考慮到可能發生的情況；在具體制定政策時，要根據具體情況明確其效力。

二是對工作指令的限制，工作指令作為指導網路成員經營的手段，必須在法律和合約的範圍之內，任何違反法律或合約規定的工作指令，都可以認為是無效的，網路成員有權拒絕執行。因此造成受許人損失的，包括因違法行為受到國家行政機關處罰的，可要求賠償。

三是工作指令的執行，即在何種情況下，受許人可以暫停執行或不予執行總部的工作指令。總部在制定某一工作指令時，很可能沒有考慮到各網路成員所處的特殊環境，因而會與當地的實際情況發生抵觸，必須給予受許人暫停執行的權利或給予不予執行總部工作指令的權利。

心得欄 ------------------------------

36

連鎖加盟的經營手冊

通常情況下，特許人都會編制一本《特許店經營手冊》，規定特許店如何經營管理的操作規則。而對於指導分部如何成為一個區域性的特許人，總部也應當編制一本專用的經營手冊。經營手冊是指導受許人如何從事連鎖加盟的基本指南，並通過培訓的方式指導分部如何具體操作。

無論總部如何編制經營手冊，總部都應當在簽訂合約前向受許人公開經營手冊。經營手冊的內容，是關於受許人如何具體管理連鎖加盟的規則，特許人將依據經營手冊的規定來評價受許人履行連鎖加盟合約的情況。從這個意義上說，經營手冊是連鎖加盟合約的組成部份，特許人必須在簽訂連鎖加盟合約前向受許人公開經營手冊的內容，並允許受許人以適當的方式閱讀、討論經營手冊。特許人以保密等為由不公開經營手冊的做法是不可取的，這可能導致法院判定經營手冊的內容對受許人不具有約束力，從而使特許人陷入被動。

總部向分部出借詳細記明連鎖加盟系統操作規則的《區域連鎖加盟手冊》及《特許店經營手冊》，經營手冊系連鎖加盟系統所通用。在簽訂本合約之前，分部已經充分地審閱了經營手冊。同意將經營手冊內容作為本合約的附件，具有同等的法律效力。

特許人需要對網路成員進行管理，而管理的規則應當是雙方都接受的。通過經營手冊的規定，並將其作為連鎖加盟合約的組成部份，使特許人對受許人的管理手段具有法律的強制效力，違反經營手冊的行為即構成對連鎖加盟合約的違反，從而達到維護連鎖加盟系統一致性的目的。

相對于連鎖加盟合約條款的變更而言，對經營手冊的更新客觀上要求更為頻繁一些，因為，經營手冊規定的內容與連鎖加盟的具體實施更為密切，需要加以不斷完善，以適應日益變化的市場需求。

但是，對經營手冊的更新，應當局限在經營管理的範疇以內，不得通過經營手冊的更新變相地改變受許人的合約義務。為此，應當嚴格劃定經營手冊的內容範圍，不應將應當由合約條款規定的事宜放在經營手冊中規定。一般來說，經營手冊規定的內容應當限於受許人具體如何實施經營管理的範疇，是根據合約條款的規定進行的細化，相當於法律與實施細則的關係。

經營手冊的更新是特許人變革系統最基本的途徑。相對于對連鎖加盟合約條款的變更而言，受許人比較容易接受對經營手冊的更新，因而在制定連鎖加盟合約時，應當對合約條款與經營手冊在內容上的銜接與配合作出合理的安排，為系統變革留下有效的空間。

經營手冊規定的內容，是所有受許人都應當遵照執行的，從而保證系統的統一性要求。但是，由於地區性差異，可能需要對經營手冊進行適當的修改，以適應該區域的客觀要求。在一個地區成功的系統在另一地區往往就需要作出變通，但過多的變通又會損害系統的一致性和整體形象，在變與不變之間必須掌握好一定的尺度。在連鎖加盟權開發時就必須考慮到系統的適應性問題，從更宏觀的市場範圍來開發和評價連鎖加盟權，使之能夠更加廣泛地應用於各地市場，儘量避免對系統進行變通性的修改，尤其是那些能夠使消費者直接感受到的變化。

對經營手冊的改動，一般總部都要求經總部批准方可進行。但有的時候，總部也會授權分部對經營手冊的變通享有決定權。總部可能基於對分部的充分信任而賦予其該項權利，或者是由於總部對該區域的情況並不瞭解，很難行使批准權，這在跨國的區域特許中尤為明顯。但是，無論總部是否授權分部享有決定權，總部都應當對改動經營手冊作出適當的限制，使經營手冊的變通控制在很小的範圍內，並進而要求受許人承認涉及變通經營手冊的知識產權屬於總部所有。

應嚴格遵照經營手冊的規定執行，不得違反經營手冊的規定或以不作為的方式消極執行經營手冊。

心得欄 ------------------------------

37

連鎖加盟服務費用

總部為分部提供服務時，按照規定的收費標準向分部收取服務費用。特許人向受許人提供支援，是特許人的義務。但是，特許人承擔的支持義務，並不一定都是免費的。特許人對受許人的支援，可能會採取收費的方式提供，至少是部份收費的方式。

特許人需要考慮如何劃分收費業務與非收費業務，通常可能採取的劃分方式是：對系統的共性問題即普遍性服務不收取費用，而對網路成員的個別問題即特別服務收取費用。

支持與服務，在連鎖加盟中的含義是相同的，只是為了與免費的支持業務區分開來，通常將收費業務稱之為服務。特許人所提供的這些服務，受許人往往也可以選擇系統外的諮詢機構提供服務。但特許人對有關問題可能具有非常專業的能力，由特許人為受許人提供服務，會更為適合，即使總部收取一定的費用，通常也低於專業機構的收費標準。總的來說，特許人提供此類服務，並非作為盈利的手段，而是向受許人提供支援的一部份，因此收費標準不宜過高，且應事先向受許人公佈，供受許人選擇。

總部在向分部提供服務時給出的諮詢意見，如果不是合約規定範圍內的要求，分部並無義務必須執行。如果由於執行總部的諮詢意見而因此導致損失的，可以參照法律對一般諮詢服務業法律責任的規定，除雙方另有約定或總部有過錯責任以外，總部並不承擔法律責任。

特許人為受許人提供的支援，在一般情況下不另行收費，而視為已經包含在受許人交納的特許權使用費中。特許人在規定有關特許權使用費時，應當一併考慮到總部承擔支持及其他義務所需的花費。如果特許人在為受許人提供普遍性支援時單獨收費，亦將可能導致受許人為了節約費用而不要求特許人提供支持，使必要的支持不能進行，從而影響受許人的經營和系統的持續發展。這包括對總部派出人員的差旅費用的負擔，都將成為影響支持正常開展的不利因素。

特許人提供收費服務的標準，一般不在連鎖加盟合約中規定，而由經營手冊或單獨作出規定，並根據執行情況不斷進行調整。如果總部規定的服務無人問津，說明總部的政策存在問題，可能是收費標準過高，或不應收費，或服務方式應當調整，總部應當重新考慮。

不論是收費的項目，還是不收費的項目，都應對有關差旅費的負擔作出規定。對不收費的項目，由受許人承擔總部派出人員的全部或部份差旅費，對於避免受許人不合理的要求，可能具有一定的作用。在保證支持工作正常開展與合理負擔費用之間，應當可以找到一個合理的平衡點。

38

連鎖加盟專用設備

連鎖加盟系統使用的專用設備與物品(附清單),由分部向總部租用,其中,屬於特許店使用的,由分部以租賃方式向加盟店租賃。分部不能通過其他途徑租用或採購。

分部向總部支付租賃費用,租賃費用的價格不高於市場同類設備或物品的市場銷售價格,無參照價格的,不超過總部採購或製造專用設備與物品成本價,總部並應向分部說明租賃費用的構成情況。在本合約終止時,分部應當將專用設備與物品返還總部。

所謂通用設備與物品,其本義是指由製造商按照標準、行業標準或企業標準統一製造的設備與物品。在本合約中,將其定義為除本合約規定的專用設備與物品之外的設備與物品。

通用設備與物品,一般可以很方便地進行採購,如果由總部統一採購後轉售給受許人,往往可以比單個採購獲得較低的供應價格,也更有利於獲得品質及售後服務上保證;如果由受許人自行採購,應當符合總部明確規定的採購品種、型號、規格及品質標準等,否則,總部可以要求其更換。

由總部統一採購向受許人轉售的設備與物品,在確定其價格時應當合理,並向受許人明示。很多企業在制定連鎖加盟合約時,往往不將設備與物品的銷售關係納入合約條款,而實際上都要求受許人從特許人那裏採購；一些企業主要的目的就是銷售設備，甚至通過銷售設備牟取暴利。不合理的銷售價格，雖然可以獲取一定的利潤，但可能會對受許人的感情造成傷害，影響連鎖加盟的合作關係，這是不可取的。

按照合約法的規定，承租人負有妥善保管租賃物的責任，因保管不善造成租賃物毀損、滅失的，應當承擔損害賠償責任。特許人應當根據合約法的規定，結合系統所規定的租賃費價格及付款方式等，對有關租賃物的損害賠償責任作出具體規定，確定損害賠償的具體計算方式。

按照合約法的規定，出租人負有租賃物的維修責任。在直營特許中，特許人應當承擔維修責任，受許人往往也不具備維修能力。在區域連鎖加盟中，法律規定的維修責任仍然屬於總部，但基於分部作為次特許人的情況，可以要求分部承擔對加盟店租賃的設備與物品的維修責任。如果由總部完全承擔維修責任，有時是不現實的，至少是不經濟的。總部可以根據情況，將分部有能力維修的租賃物交由分部承擔；而總部只承擔不宜由分部承擔維修責任的租賃物的維修，包括一些技術難度較大的設備，分部不具備承擔維修責任的能力，或者由分部承擔時會造成分部過高的維修成本時，則由總部承擔維修責任。

以租賃方式向分部及加盟店提供設備與物品的，無論採用何種方式支付租賃費用，租賃物仍然屬於出租方所有，如果發生意外滅失，作為出租人的總部將承擔其造成的損失。

特許人為了保護其財產權，防止因意外滅失造成的損失，一般均要求受許人為租賃物投保。特許人應當對投保作出具體的要求，包括保險的種類、保險金額、保險費用的負擔以及受益人等。特許人一般會要求受許人在保險合約中指定自己作為受益人，以保證對保險賠款的控制權。因受許人未按規定投保而造成損失的，可以要求其承擔賠償責任。

對於租賃物以外的其他財產，是否投保一般由分部或加盟店自行決定，總部只是給予善意的提示和建議，引導受許人辦理適當的財產保險，但有時總部也可能會作出統一的規定，以保證連鎖加盟不致因為意外事故的損失而終止。

心得欄 ------------------------------

39

連鎖業如何確定選址

世界華人首富李嘉誠先生在談及地產投資最重要的因素時說，那就是「地段，地段，還是地段」。其實，不論是投資房地產，還是開店，對於地段的要求都是非常高的。

正確選擇店址，是開店賺錢的首要條件。一個經營項目很好的店鋪，若選錯了店址，那小則影響生意興隆，大則還可能導致「關門大吉」。因此，開店選址很重要，這一步走得對與否，決定了日後店鋪的賺與賠。那麼，開店應如何選址呢？

1. 首先要確定選址標準

⑴目標消費群的特徵，做誰的生意？週圍的固定居民有那些？流動顧客群又有那些？

⑵從消費群體的收入水準判斷顧客的消費水準，並預測未來半年的消費走勢。

⑶考慮租金因素，應該綜合考慮銷售預測、毛利差、費用水準等，決定選點取捨。

2. 確定標準後就應該做好市場調查

⑴店鋪週圍環境如何。環境的好壞有兩種含義。一種含義指店鋪週圍的環境狀況。例如有的店開在公共廁所旁或附近，不遠處便是垃圾堆、臭水溝或店門外灰塵飛舞，或鄰居是怪味溢發的化工廠

等，這便是惡劣的開店環境。另一種含義指店鋪所處位置的繁華程度。一般來講，店鋪若處在車站附近、商業區域、人口密度高的地區或同行集中的一條街上，這類開店環境應該具有比較大的優勢。另外，三岔路口、拐角的位置較好，坡路上、偏僻角落、樓屋高的地方位置就要差一些。

⑵交通是否方便。包括顧客到店後，停車是否方便；貨物運輸是否方便；從其他地段到店乘車是否方便等。交通方便與否對店鋪的銷售有很大影響。

⑶週圍設施對店鋪是否有利。有的店鋪雖然開在城區幹道旁，但幹道兩邊的柵欄卻可能使生意大受影響。因此，在選擇臨街鋪面時，要充分注意這點。針對這種情形應如何選擇呢？典型街道一般有兩種：一種是只有車道和人行道，車輛在道路上行駛，視線很自然能掃到街兩邊的鋪面；行人在街邊行走，很方便進入店鋪。但是，街道寬度若超過 30 米，則有時反而不聚人氣。據調查研究，街道為 25 米寬，最易形成人氣和顧客潮。另一種典型街道為車道、自行車道和人行道分別被隔開，這其實是一種封閉的交通，選擇這種位置開店不太好。

⑷服務區域人口情況。一般來講，開店位置附近人口越多、越密集越好。目前，很多大中型城市都相對集中地形成了各種區域，例如商業區、旅遊區、大學區等，在不同區域開店應注意分析這種情況。

⑸目標顧客收入水準。在富人聚集的地段開設首飾店、高檔時裝店便是瞅準了目標顧客高收入這一特點。城市週邊建設的各種商業別墅群或有檔次的社區，一般都是富人聚集的地方。

⑹物業因素同樣也不能忽略。在置地建房或租用店鋪前，投資者應首先瞭解地段或房屋的規劃用途與自己的經營項目是否相符、該物業是否有合法權證；另外還應考慮該物業的歷史、空置待租的原因、坐落地段的聲譽與形象等。除此以外，是不是環境污染區、有沒有治安問題等都是投資者選擇店址時需要關注的。

⑺租金。有人認為租金用不了多少錢，是的，兩個月，租金是用不了多少錢的，但長期下去，如果承受一個高價位租金，你會發現經營起來壓力十分大，賺的錢幾乎全部拿去交房租了。而且，有的店可能需要一年半載的時間去守。在這期間，幾乎很難賺錢，費用主要來於房租，所以房租的多少是至關重要的。

作為經營店鋪最大壓力的租金，一般情況下，租金最好不要高於營業額的 20%，以在 10%～15%為宜。

3.對感興趣的商圈要科學評估

⑴看店鋪門前人流情況。首先要注意店面前兩米內實實在在的人流情況。其次，每天上午 10 點、中午 1 點、下午 6 點、晚上 9 點各用半個小時的時間觀測人流情況，當平均人流量達到 5 個/分鐘時，那這就是個可以操作的店面，當然人流量越高就越好。

⑵看左右店面的經營情況。到你看中的店面旁邊左右 10 家店鋪調查一下，看看他們經營時間多長了，經營情況怎麼樣，如果經營時間都在一年以上，並且經營情況都非常好並決定要長期開下去的，那這家店面就沒問題。如果左右店面都是開了關、關了開，沒有一家店經營時間超過一年，那就不要租這家店鋪了。如果左右店面都空著或者都要轉讓，那這個店鋪就更不能要了。

⑶看店面週邊方圓一公里內的實體分佈。主要看有多少個居民

社區、旅館、寫字樓、醫院、學校、飯店等可能會對店鋪經營產生較大影響以及可能會成為你店鋪長期業務合作夥伴的實體，這類實體越多就越利於店鋪的發展。

4. 要多瞭解你中意的店鋪

在連鎖總部未經考察、評估前，切勿盲目租下經營場地。不理想的店鋪不僅影響未來的營業成績，而且不同業務甚至不同品牌對經營場地也有著相應的制約。除了經營場地考察外，還須對承租意向店鋪作以下瞭解：

⑴店鋪是否具有合法的權證：產權證、土地使用證，是否說明為商業用房；

⑵店鋪出租地年限不能低於 5 年；

⑶店鋪有無債權、債務糾紛，有無抵押、封存等；

⑷議定店鋪租金多少，租金是否隨時間遞增，租金、押金的交付方式，有無管理等其他費用，租金地稅負如何分配；

⑸店鋪供水、供電、煤氣等基礎設施是否齊備，限額、負荷為多少；

⑹店鋪是否通過消防驗收；

⑺排汙、煙道是否預留位置，是否方便安裝冷氣機外機，是否有後門等；

⑻裝修免租期最好不低於 3 個月。

5. 選址也有秘笈

⑴根據經營內容來選擇位址。店鋪銷售的商品種類不同，其對店址的要求也不同。有的店鋪要求開在人流量大的地方，例如服裝店、小超市。但並不是所有的店鋪都適合開在人山人海的地方，例

如性保健用品商店和老人服務中心，就適宜開在偏僻、安靜一些的地方。

⑵選取自發形成某類市場的地段。在現實生活中，管理部門並沒有對某一條街、某一個市場經營什麼做出規定，但在長期的經營中，這條街、這個市場會自發形成為銷售某類商品的「集中市場」，人們一想到購買某商品就會自然而然地想起這條街、這個市場。因此，在開店選址時，一定要重視自發市場的好處。一般來說，將店鋪開在「物以類聚」的地方，自然顧客較多，「錢途」較好。

⑶選擇有廣告空間的店面。有的店面沒有獨立門面，店門前自然地就失去了獨立的廣告空間，也就使你失去了在店前「發揮」行銷智慧的空間。這會給促銷帶來很大的麻煩。特別是那些想自創品牌的經營者，一定要避免選擇這樣的店面。

⑷有「傍大款」意識。要是你對選址一點主意都沒有，那麼「傍大款」也許是一條很好的選址方法。即把店鋪開在著名連鎖店或強勢品牌店的附近，甚至可以開在它的旁邊，和它做鄰居。例如，你想經營吃的，那你就將店鋪開在「麥當勞」、「肯德基」的週圍。因為，這些著名的洋速食在選擇店址前已做過大量細緻的市場調查，緊挨著他們開店，不僅可省去考察市場的時間和精力，還可以借助他們的品牌效應，「揀」一些顧客。

6. 接收轉租店時應該注意的問題

⑴確認談判對象的身份(也就是現任店主的身份)。有時候我們想當然，看到有個人出來和你談就認為他是老闆，很多欺詐就是在這裏產生的。其實這個問題是比較容易解決的，可以用三個方法去確認這個事情：

一是問問週邊商鋪這個店老闆是誰。

二是看他的租房合約(還有出租房管理辦公室出具的中間合約，通常在社區街道辦辦理)，然後再去確認真偽。

三是看他的營業執照上的法人代表是不是和你談判的這個人。這個身份沒有確定的話，談判沒有必要開始，也絕不能開始。

⑵弄清房屋所有權，找到真正的房東。有時候，轉租方不願意告訴你房東的聯繫方式，或者故意找一個人冒名頂替房東，一旦發現這種情況，你就不用再和他談了，還可以考慮報警，免得他再去騙別人。

⑶弄清門面是否會拆遷，週圍會不會有大的變動，如道路改造等。有的店鋪剛剛接手，還沒有裝修完，就面臨拆遷，到時候，你就只能打掉牙齒往肚子裏咽了。

⑷弄清前任租賃戶債務。首先是供應商的貨款，現在很多生意都是先拿貨再結算的，如果你前任店主欠了供應商的貨款的話，即使你和他的協議裏面寫清楚債務與你無關，他們也許會天天來堵你的店，那你就損失大了！而且律師說這種事情法律一般是支持供應商的，弄不好你還要吃啞巴虧！其次是水電、煤氣等費用有沒有結清，這些東西花點時間是蠻好打聽清楚的！所以，一定要與房東確認租期，水電、電話等日常設備須請轉讓店主協助更新;「盤」加盟店還要注意契約是否允許轉讓他人。

⑸即使雙方在合約協議上註明，原來的租戶有優先續租權，這也是存在問題的。這個優先權其實是架空了的——當房東不願意再租出去的時候，這個優先權就毫無意義。而房東願不願意繼續租出去，這是他的自由。優先續租權不是無限續租權，甚至可以說是一

點約束力都沒有。所以，必須找到房東，由房東、轉租方和你，三方互相協商，把出租方的權利轉到你頭上，而將出租方與房東的一切債權債務做一了斷。這樣才能避免欺詐。

⑹決定要簽約時，一定要問清楚房屋契約、營業登記的轉讓、設備的好壞程度等，再與房東、轉讓者一起簽訂轉讓協定，將資產清單、售讓權利範圍寫清楚。

心得欄 ----------------------------------

40

速食店的開店選址策略

連鎖店的正確選址，不僅是其成功的先決條件，也是實現連鎖經營標準化、簡單化、專業化的前提條件和基礎。因此，肯德基對速食店選址是非常重視的，選址決策一般是兩級審批制，透過兩個委員會的同意，一個是地方公司，另一個是總部。其選址成功率幾乎是百分之百，這也是肯德基的核心競爭力之一。肯德基選址按以下幾步驟進行：

1. 劃分商圈。

肯德基計劃進入某城市，就先透過有關部門或專業調查公司收集這個地區的資料。有些資料是免費的，有些資料需要花錢去買。把資料買齊了，就開始規劃商圈。

商圈規劃採取的是記分的方法，例如，這個地區有一個大型商場，商場營業額在 1000 萬元算一分，5000 萬元算 5 分，有一條公交線路加多少分，有一條地鐵線路加多少分。這些分值標準是多年平均下來的一個較準確的經驗值。透過打分把商圈分成好幾大類，有市級商業型，區級商業型，定點(目標)消費型，還有社區型，社區、商務兩用型，旅遊型等等。

2. 選擇商圈。

即確定目前重點在那個商圈開店，主要目標是那些。在商圈選擇的標準上，一方面要考慮餐館自身的市場定位，另一方面要考慮商圈的穩定度和成熟度。餐館的市場定位不同，吸引的顧客群不一樣，商圈的選擇也就不同。

例如馬蘭拉麵和肯德基炸雞的市場定位不同，顧客群不一樣，有人吃肯德基也吃馬蘭拉麵，有人可能從來不吃肯德基專吃馬蘭拉麵，也有反之。馬蘭拉麵的選址也當然與肯德基不同。

而肯德基與麥當勞市場定位相似，顧客群基本上重合，所以在商圈選擇方面也是一樣的。可以看到，有些地方同一條街的兩邊，一邊是麥當勞另一邊是肯德基。

商圈的成熟度和穩定度也非常重要。例如規劃局說某條路要開，在什麼地方設立位址，將來這裏有可能成為成熟商圈，但肯德基一定要等到商圈成熟穩定後才進入，例如這家店三年以後效益會多好，對現今沒有幫助，這三年難道要虧損？肯德基投入一家店要花費好幾百萬，當然不冒這種險，一定是比較穩健的原則，保證開一家成功一家。

3.要確定這個商圈內，最主要的聚客點。

例如，北京西單是很成熟的商圈，但不可能西單任何位置都是聚客點，肯定有最主要的聚集客人的位置。肯德基開店的原則是：努力爭取在最聚客的地方及其附近開店。

過去古語說「一步差三市」。這跟人流動線(人流活動的線路)有關，可能有人走到這，該拐彎，則這個地方就是客人到不了的地方，差不了一個小胡同，但生意差很多。這些在選址時都要考慮進去。

人流動線是怎麼樣的，在這個區域裏，人從地鐵出來後是往那個方向走等等。這些都派人去掐表，去測量，有一套完整的資料之後才能據此確定位址。例如，在店門前人流量的測定，是在計劃開店的地點掐表記錄經過的人流，測算單位時間內多少人經過該位置。除了該位置所在人行道上的人流外，還要測馬路中間的和馬路對面的人流量。馬路中間的只算騎自行車的，開車的不算。是否算馬路對面的人流量要看馬路寬度，路較窄就算，路寬超過一定標準，一般就有隔離帶，顧客就不可能再過來消費，就不算對面的人流量。

肯德基選址人員將採集來的人流資料登錄專用的電腦軟體，就可以測算出，在此地投資額不能超過多少，超過多少這家店就不能開。

4.防止被競爭對手店截流。

因為人們現在對品牌的忠誠度還沒到「吃肯德基看見麥當勞就煩」的程度。

只要店在我跟前，我今兒挺累的就不會非再走那麼一百米去吃別的，除非這裏邊人特別多，找不著座了我才往前挪挪。

但人流是有一個主要動線的，如果競爭對手的聚客點比肯德基選址更好的情況下那就有影響。如果是兩個一樣，就無所謂。例如十字路口有一家肯德基店，如果往西一百米，競爭者再開一家西式速食店就不妥當了，因為主要客流是從東邊過來的，再在西邊開，大量客流就被肯德基截住了，開店效益就不會好。

5.聚客點選擇影響商圈選擇。

聚客點的選擇也影響到商圈的選擇。因為一個商圈有沒有主要聚客點是這個商圈成熟度的重要標誌。例如某新興的居民社區，居民非常多，人口素質也很高，但據調查顯示，找不到該社區那裏是主要聚客點，這時就可能先不去開店，當什麼時候這個社區成熟了或比較成熟了，知道其中某個地方確實是主要聚客點才開。

為了規劃好商圈，肯德基開發部門投入了巨大的努力。以肯德基公司而言，其開發部人員常年跑遍各個角落，對這個每年建築和道路變化極大、當地人都易迷路的地方瞭若指掌。經常發生這種情況，肯德基公司接到某顧客電話，建議肯德基在他所在地方設點，開發人員一聽地址就能隨口說出當地的商業環境特徵，是否適合開店。

41 連鎖加盟合約的採購項目

連鎖加盟系統銷售的產品範圍，由總部統一規定，定期發佈產品銷售目錄。未經總部同意，分部及特許店均不得銷售產品目錄以外的產品。

分部(加盟店)應當按照總部的規定，向總部推薦的供應商採購設備與物品，不得向未經總部審查認定的供應商採購。

分部(加盟店)向供應商購買設備與物品，總部不得從供應商處獲取經濟利益。

如果系統所使用的設備與物品由受許人自行採購，為了保證符合特許人的要求，除了統一規定其品種、型號、規格與品質標準外，特許人也可以採取指定供應商的方式，要求受許人向指定的供應商進行採購。特許人根據系統使用的要求，事先進行選型，以確保受許人採購的設備與物品符合總部的要求。特許人根據系統統一性的要求及方便採購的原則，指定一家或多家供應商。

特許人可以事先與供應商達成統一的採購協定，就設備與物品的品種、型號、規格、品質、價格條件以及相關事宜達成協定，以進一步確保產品品質等符合要求，也可以獲得優惠的供應價格。受許人在向供應商採購時，可以省去談判、簽訂合約的程序，直接付款提貨即可，且售後服務也更有保障。

總部在指定供應商的過程中，不得從供應商處收取回扣或其他經濟利益，包括暗中獲取的利益，它不僅損害受許人的利益與感情，其本身也為法律所禁止。在有關條款的分析中，我們一直強調特許人不應通過向受許人銷售設備與物品牟取額外利潤，從供應商那裏間接地獲得利益，其性質都是一樣的。

連鎖加盟的一個基本特徵，就是銷售同樣的產品與服務，但對統一性的要求有一定差異。有的系統銷售的產品是完全一致的，或者只有很少的差別，只是少量品種的增減；而有的系統在銷售特許人規定的產品的同時，還可以銷售其他產品，受許人享有一定的自主權。

出於統一連鎖加盟系統形象的需要，特許人總是希望所有的特許店都能夠銷售同樣的產品或者至少是基本相同的產品，大多數的連鎖加盟也都是如此。但是，也有一些連鎖加盟系統並不完全統一銷售的產品，這可能是由於不同地區市場的差異形成的；也可能是系統本身的規定，系統要求受許人以銷售連鎖加盟範圍內產品為主，而並不要求產品銷售範圍的統一。從市場來看，地區差異導致顧客的需求千變萬化，即便是同一個城市，在不同的位置也可能有很大的差別，它受到顧客文化、年齡結構、消費能力等因素的影響。

從系統自身的情況來看，有的系統所許可銷售的產品只是一個主導產品，它甚至不能獨立支撐加盟店的生存與發展，可以或必須容許銷售其他相關產品。對連鎖加盟來說，一定程度的產品差異是容許的，並不一定片面地強求銷售產品的一致性。連鎖加盟範圍內的產品應當居於主導地位，而其他產品居於次要地位，且一般不得與連鎖加盟範圍內的產品具有競爭關係。

連鎖加盟合約應當根據系統的要求對此作出規定，首先明確系統銷售產品的範圍，如由特許人規定的銷售產品目錄；其次明確受許人是否享有一定範圍的自主權。特許人應當考慮，這樣的權利是否給予加盟店，加盟店是否有能力行使好特許人賦予的這項權利，以及如何監督加盟店正確行使這項權利。

連鎖加盟系統銷售的產品實行統一配送有很多好處：規模採購降低成本，保證產品品質，保證特許店銷售產品的一致性，有利於對特許店銷售情況的監督，等等。實行統一配送是連鎖加盟的基本特徵之一。

統一配送是原則，但不等於全部配送，也不等於由總部配送。具體實施過程中具有一定的靈活性。可以是由總部統一配送，也可以是由分部統一配送；可以是系統內配送中心統一配送，也可以是第三方統一配送，或者由供應商統一配送；統一配送的可能是產品，也可能是半成品或原料；統一配送也不代表經營產品的完全一致，分部或特許店也可以擁有一定的選擇權。因此，應當將統一配送理解為一種管理模式，其基本特徵包括：符合總部的管理制度；經總部批准的產品；向系統內全部或部份特許店配送；系統銷售的主要產品保持一致。

統一配送在某些情況下會發生困難，這可能是因為產品尚不具備配送的條件，或者產品有效保存時間過短，但是又必須經營的產品，包括食品及一些要求現場製作的產品等。在這種情況下，總部必須是對有關產品的品質標準及操作規程等作出嚴格規定，盡可能保證產品的一致，這對於餐飲一類的連鎖加盟行業具有重要意義。我們發現，餐飲行業由於市場需求龐大，其連鎖與連鎖加盟發展很快，也特別受投資者的歡迎，它歷來也是連鎖加盟的主力軍。

不容樂觀的是，餐飲行業對連鎖與連鎖加盟的認識存在嚴重的誤區，絕大多數的餐飲特許還只是品牌與形式的統一，而在產品的統一配送方面重視不夠。在傳統餐飲領域，基本上僅限於部份原料的配送，對成品或半成品菜的配送，除個別企業已經開始建立配送中心外，基本上沒有實施配送；即使因為傳統餐飲的多數產品不適宜配送，對廚師的統一培訓和操作規程也做得很不夠，基本上是臨時招聘廚師上崗，更不存在系統的培訓問題，結果是產品品質雖貌似相同，但並不一樣。

在速食領域，也同樣如此，中式速食仍然是傳統意義上的速食，由後廚現場加工製作，現炒現賣；不僅無法保證產品的一致，也無法保證時間上的要求，「速食」僅僅體現在經營品種上，而不是經營方式的改變。可以肯定，中式速食更符合消費群體的要求，必將成為速食行業的主力軍。但是，這需要解決中式速食在產品、加工、服務及經營方式方面的現代化問題，摒棄傳統中式速食的觀念。

台灣地區的中式速食經過多年的發展已經超過西式速食成為速食的主力軍，其中一些品牌被導入內地，已經取得了一定的發展，這是值得借鑑和學習的，但其現代化程度仍然不夠，仍然需要作出巨大的努力。如果中式速食仍然是拘泥于傳統的主食、小菜等品種和作坊式的加工方式，要想形成規模化的品牌，與麥當勞、肯德基等西式速食一爭高下，是不現實的。

由供應商向特許店配送產品的具體原因是非常複雜的，一般是由系統自身的特點決定的，但有時並非如此。有的時候，特許人本應建立配送中心進行配送，但由於無力投資或為了減少配送中心的投資，而將責任轉移到供應商。這種情況在當前中國迅速發展的連鎖領域是很常見的。

家樂福在全國的數十家分店分佈於很多城市，其物流系統建設根本不能滿足配送的要求，從而通過向供應商轉移物流成本的方式進行擴張。沃爾瑪則採取配送中心先行的辦法，但其發展速度卻暫時滯後于家樂福。兩大零售巨頭在中國採取了不同策略，誰優誰劣，很難斷言。

可以肯定的是，最終建立的配送體系則大同小異。雖然家樂福與沃爾瑪只是直營連鎖，並不開展連鎖加盟，但對產品配送的要求是一致的。目前，國內多數連鎖零售企業都是採取家樂福式的方法，包括連鎖加盟業務。

採用第三方配送時，一般由總部與供應商統一簽訂配送合約，由供應商按照合約約定向加盟店配送，貨款由總部統一向供應商結算；也可以由總部與供應商達成統一的供貨條件，然後由供應商與加盟店簽訂供貨合約，並自行結算。總部為了統一規範受許人與供應商的合約，應當要求使用總部制定的合約文本。

除總部指定的供應商之外，總部如果給予受許人自行選擇供應商的權利，需要考慮是否需要總部的批准。在賦予分部自行選擇供應商的權利時，尤其要予以注意，最好加以必要的控制，以防範分部隨意使用採購權，損害加盟商的利益和系統的品牌形象。

心得欄

42

供應商的資格審查制

如何選擇供應商及產品，是連鎖加盟系統的一項重要工作，而選擇權一般都由總部直接控制。對供應商的選擇，主要涉及到三個方面的問題：一是供應商，包括供應商的資質及供貨能力能否滿足系統的需求；二是產品，包括產品品質、等級、規格、品種、包裝、價格及結算條件等是否符合總部的要求，尤其是對於產品品質的檢驗，對大多數受許人來說，可能是無法勝任的；三是市場，包括產品的銷售預測分析及產品是否符合系統經營的需要，特別是對一些新產品而言，市場的預測分析具有重要意義，如果不能及時把握機會，很可能錯失良機。

對供應商及其產品的審查，一般由總部負責，必要時也可以由分部承擔部份工作，合理分工共同完成。

總部對向系統供貨的供應商實行「供應商資格審查制」，定期發佈審查合格的供應商及產品目錄。

總部對申請資格審查的供應商，按照總部規定的收費標準收取審查、檢驗費用。

總部可能會向供應商收取一定的審查費用，收費一般應當根據發生的成本合理收取，不應以收取審查費的形式變相獲取不正當的利益。收費問題本來是總部與供應商之間的事情，與受許人沒有直接的法律關係。之所以在連鎖加盟合約中規定，是基於連鎖加盟的公平、公開的原則；同時，供應商的產品最終將通過網路成員進行銷售，如果總部不合理地收取費用，最終將轉移到產品成本之中，有可能損害受許人的利益。

供應商在對產品進行定價時，一般會確定一個基準的出廠價，如果銷售商能夠達到一定的銷售數量，供應商會根據銷售數量的多少，給予一定比例的銷售返利，這已經成為多數供應商獎勵銷售商或降低供貨價格的手段。

連鎖加盟系統單店的銷售量是有限的，但整體的銷售量往往非常可觀。如果是由總部統一向供應商採購，不僅可以直接與供應商談判達成較低的供貨價格，而且將可以獲得高額的銷售返利。即使是由分部或加盟店向供應商採購，總部一般也會與供應商事先達成一份總的合約，供應商將按照系統全部的採購量給予銷售返利。

銷售返利如何分配，是連鎖加盟合約需要明確的事項。從理論上來講，銷售返利是對銷售商的獎勵或降價措施，而連鎖加盟系統的銷售商是由網路內的全體成員共同組成的，銷售返利應當理解為是對全體網路成員的獎勵，應當按照各自的貢獻進行分配。這也更直接地體現了銷售返利的目的，也有利於理順網路成員之間的利益關係，尤其是一些消費品零售行業，低價促銷成為最常用的競爭手段，如果不向網路成員分配銷售返利，降價促銷將難以真正到位。

無論是否向網路成員分配銷售返利，特許人都應當向網路成員公開其獲得的利益，特許人不應當通過秘密的方式獲取利益。以秘密的方式獲取利益，無論獲取的利益是否合法，都會導致網路成員的猜測與不滿，損害合作的基礎。

43

連鎖加盟合約的產品配送價格

產品價格是市場競爭的主要手段之一，也是網路成員關注的主要問題。連鎖加盟系統的競爭力，除了品牌、服務、環境等因素外，產品價格具有重要的作用，有時甚至起著決定作用。連鎖加盟合約對產品供應價格的規定主要包括兩個方面：

一方面是總部向網路成員供應產品的加價原則。由總部製造的產品，規定一個確定供應價格的辦法，如：對同時向其他市場管道銷售的產品，規定在統一出廠價的基礎上的下浮標準或優惠價格的計算方法；對只向網路成員供應的產品，規定供應價格的核定方法；而對於總部向供應商採購的產品，則可以規定一個加價的方法及限制標準。與設備、物品的供應一樣，特許人同樣不宜通過產品加價獲取不正當的利潤，尤其是應當向網路成員明示產品加價的情況，避免暗箱操作而產生的不信任。一個典型的案例，就是「譚魚頭」向加盟店高價出售「火鍋底料」而引發了加盟店集體退出系統的惡劣後果。

另一方面是供應商向網路成員供應產品的價格。通常，總部會與供應商談判一個統一的價格，供網路成員統一執行。在本合約中，對特許人向供應商收取的資格審查費和銷售返利作出了規定。除此之外，特許人不得暗中再向供應商收取其他費用或獲取其他利益。總部與網路成員應當是「同甘共苦」的合作關係，總部暗中向供應商收取額外的好處，將導致網路成員獲利水準下降以及其他不良後果，損害總部與網路成員的合作關係和系統的利益。

由供應商向分部(加盟店)配送的產品，按照總部與供應商確定的價格執行。總部除按照本合約規定向供應商收取資格審查費和銷售返利以外，不得向供應商收取其他費用或牟取任何利益。

產品和服務的定價，是連鎖加盟系統經營策略的重要內容。對產品和服務進行定價時，需要綜合考慮各種因素，包括系統的品牌影響力、服務條件、市場競爭情況、消費水準等。從定價方式來說，也包括高、中、低不同的加價方式，甚至低於成本價進行銷售。

連鎖加盟合約應當反映總部的價格策略。總部對網路成員銷售產品(服務)的價格，通常會作出統一的規定。是否規定總部制定的價格標準對網路成員具有強制力，這需要根據系統的發展戰略來確定。市場消費水準是不平衡的，統一價格，就意味著只能針對特定的消費層次，例如：定價較高的系統就只能佔領高端市場。多數情況下，特許人都要求網路成員執行其定價策略，不得擅自調整價格。

在某些國家，系統的定價還受到反壟斷法的限制，總部只能提出一個建議零售價格，而不得強制網路成員執行統一零售價。目前國內法律尚無相關規定，因而要求網路成員執行統一零售價的情況較為普遍。

統一銷售價格的做法也有其自身的弊端，往往不能適應不同地區市場的實際情況。對此，可以規定根據市場情況執行具體浮動的價格，或規定調整價格的審批方法等方式來具體確定產品銷售的價格，將原則性與靈活性相結合。

貨款的結算，一般包括對總部貨款的結算和供應商貨款的結算。貨款的結算方式並無一種固定的模式，不同的系統、不同的時期、不同的銷售方式都會影響結算方式的選擇。

對總部配送產品貨款的結算，既要考慮總部的利益，也要考慮到網路成員的利益。先付款後配送當然是對總部最為有利的方式，但如果網路成員不能快速將產品銷售並收到貨款，將可能造成網路成員的資金壓力。合約應當根據總部確定的結算貨款的方式作出規定，如款到發貨或收貨後的結算期限或按照實際銷售情況結算等。但是，貨款的結算可能不是一種固定不變的模式，總部可能對不同的產品確定不同的結算方式，或者在不同的時期根據具體情況作出相應的調整，因此在連鎖加盟合約中只能對貨款的結算作出一個原則性的規定或者是一種可以選擇的規定，而不是規定一個具體的結算方式。

對供應商向網路成員配送產品的貨款結算，雖然與總部沒有直接的利益關係，但總部並不能因此而放任不管。與供應商建立良好的合作關係，是總部的重要職責，也是保障系統正常運營，維護系統品牌形象的重要內容。如果供貨協定是由總部與供應商達成的，總部也要按照約定承擔相應的責任。

由於目前國內經濟秩序和法律秩序的缺陷，不正常地拖欠供應商貨款的情況較為嚴重，如超市業，供應合約約定的付款期少則三個月，多則半年，甚至達一年之久，而且還很難按時履行，導致供應商怨聲載道，系統與供應商的關係處於極不正常的狀態。這種關係是極其脆弱的，一旦出現危機，供應商很難與系統共度難關，發生斷貨甚至哄搶財產的情況都在所難免。

對供應商結算貨款的方式，連鎖加盟合約一般也不作出具體的規定，往往需要根據與供應商達成的供貨協議中約定的結算條款執行。

心得欄 ------------------------------------

44

商標與品牌的變更

必須認識到，商標、商號及其他標誌，在連鎖加盟合約簽訂後，仍然存在發生變更的可能。

從經營角度來看，註冊商標雖然對連鎖加盟具有重要的價值與保護作用，但也並不全都是唇亡齒寒的關係。從法律理論上分析，注冊商標與連鎖加盟也沒有絕對的因果關係。因此，因商標被撤銷的法律後果，在法律未作出規定前，應當在合約中規定更為有利，同時明確解除合約後的處理辦法。

商標因違反商標法的規定而取得的，可能被商標局裁定撤銷。被撤銷的原因，可能是使用了商標法禁止使用的名稱、圖形，或者是複製、摹仿或者翻譯他人未在中國註冊的馳名商標，等等。無論被撤銷是因為特許人的故意或過失，導致的後果都是一樣的，必需更換系統商標。一個新商標的啟用，對系統的影響程度有多大，這依系統的情況而定。

因此連鎖加盟合約會規定，因總部違反商標法的規定取得許可使用商標的註冊而被商標局裁定撤銷註冊的，無論總部以任何商標取代許可使用的商標，除分部明確表示同意之外，有權解除本合約，總部應當向分部返還費用，並賠償損失。

在本合約履行期間，總部不得(或可以)啟用新的商標以代替許可使用的商標，但總部在原許可使用商標的基礎上對商標進行的合理改動且不致引起公眾對商標識別性造成重大影響的，不在此限。

總部許可分部使用的商號、標誌的變更，不影響本合約的履行。

除商標依法被撤銷外，總部也可能以新的商標代替原有商標，或者對原商標作出修改。這種情況是經常發生的，其原因主要是企業發展的階段不同，其對商標的重視程度、理解程度及設計能力等都是不同的，企業的品牌戰略需要不斷進行調整。

無論是新商標代替舊商標或者對原有商標進行修改，與許可使用的商標被撤銷的情況完全不同，被撤銷是被動的，其後果往往是不利的；而代替或修改是特許人的主動行為，是經過特許人認真評估後作出的戰略選擇，其後果在很大程度上是可以預見的，往往有利於系統發展，即使存在一定的不利因素，其影響程度一般也比較有限。雖然如此，也應當在連鎖加盟合約中對商標及品牌的更新問題作出規定，是否對特許人的此項權利加以限制，以及因此產生的法律後果等。

對系統許可使用的商號、標誌等有關品牌的變更，也應當根據其重要性和具體情況予以考慮，必要時在連鎖加盟合約中作出相應規定。

不論任何原因引起的變更，都是由於特許人的原因，與受許人無關，因此，在多數情況下，特許人應負擔因更改招牌及其他物品等發生的全部或大部份費用是合理的。此外，商標與品牌的變更可能還會造成其他的損失，如宣傳手冊、包裝用品等的廢棄。特許人在變更商標與品牌時，應提前通知，作出相應的安排，避免因此造成不必要的損失。

45

連鎖加盟有關的招牌物品

總部許可網路成員使用的商標與品牌，大量地體現在網路成員的經營過程中，包括各種招牌、標牌、包裝用品及其他物品，是反映連鎖加盟系統統一形象的主要方式。

分部及加盟店使用的招牌及內部標牌等，由總部統一製作，出借給分部及加盟店使用。包含總部商標與品牌形象的包裝袋(紙、盒、箱)由總部統一製作，轉售給分部及加盟店使用，價格按合約的規定執行。

商標與品牌的具體使用方式，總部一般都有詳細的規定，有的還編印專門的 CI 手冊，對商標與品牌的使用方式作出具體的設計方案，包括各種信封、信箋、名片等各種標明商標與品牌的物品在內。

商標與品牌的使用方式包括有形的方式和無形的方式。有形的方式是在物體上反映商標與品牌的形象，而無形的方式是以電子數據的形式使用商標與品牌。

包含商標與品牌形象的各種招牌、標牌、包裝用品及其他物品，由誰製作，應當考慮到技術的要求及成本問題。物品的單件或小批量製作往往價格過高，而且難以達到技術要求，例如，麥當勞的招牌都是使用專用模具注塑加工而成，必須大批量生產方可實現。

由總部統一製作包裝用品，也可以作為對受許人營業收入進行監督的一種手段。不同的製作單位制作的包裝用品，總是具有一定的差別，可以通過觀察及技術手段予以識別，特別是一些高新技術的運用，使包裝用品具有一定的防偽功能，或提高了仿製的難度。受許人如果假冒包裝用品，往往難以達到與總部製作的包裝用品完全一致。在保證統一使用總部製作的包裝用品的前提下，通過對包裝用品用量的計算，可以估算其營業收入，作為審核其財務報表真實性的參考依據。

對受許人營業收入的核算，可以通過一系列綜合措施與手段進行監督，相互驗證，更好地達到財務監督的目的。特許人在開發連鎖加盟權時，就應當綜合考慮實施財務監督的手段，建立起科學的財務監督體系。

心得欄 ------------------------------

46

連鎖加盟合約的商業保密

合約所稱商業秘密，是指不為公眾所知悉、能為權利人帶來經濟利益、具有實用性，並經權利人採取保密措施的技術資訊和經營資訊。

在合約履行期間及終止後，分部及知悉總部商業秘密的有關人員，均負有保守總部商業秘密的義務。

分部應當按照總部的規定，對總部許可使用的商業秘密採取保密措施，並與知悉總部商業秘密的人員，按照總部的規定與其簽訂保密協定或讓其簽署保密承諾書，使該等人員承擔保密義務。保密協定或承諾書使用總部統一制定的文本，並報總部存檔備案。

總部許可分部使用的資訊，均視為總部的商業秘密，除非分部能證明有關資訊不符合商業秘密的構成條件。

除非商業秘密非因分部及知悉商業秘密人員的過錯而為公眾所知悉，否則不得免除其保密義務。

分部違反保密義務，洩露總部商業秘密，給總部造成損害的，應當按照本合約規定承擔違約責任。

商業秘密是連鎖加盟的基本要素，對特許人與網路成員至關重要。反不正當競爭法對商業秘密規定了一個法定的定義，這是界定商業秘密必須遵循的前提。而從商業秘密的實際形成來看，它是特許人在多年的經營過程中累積的結果，它使連鎖加盟系統在競爭中取得優勢，在連鎖加盟權中往往具有重要的作用。

儘管法律對商業秘密的概念作出了規定，但由於商業秘密沒有像其他知識產權一樣的註冊系統和查詢系統，運用法定的概念具體認定那些資訊構成商業秘密並不是一件容易的事。因此，特許人在許可受許人使用商業秘密時，應當具體規定商業秘密的範圍，通過合約形式對商業秘密的範圍予以明示，而不宜籠統地要求保護商業秘密。通過合約規定為商業秘密後，一旦發生爭議，如果受許人主張特許人的權利不構成商業秘密，則受許人將承擔將其排除在商業秘密範圍外的責任。

反不正當競爭法雖然對商業秘密提供了法律保護，但是，與其他知識產權不同，商業秘密不是對世權，在很大程度上仍然依賴于特許人與受許人之間的合約保護，而且商業秘密一旦公開，特許人將喪失其擁有權。因此，如果不是必須許可受許人使用商業秘密才能滿足連鎖加盟需要的話，特許人就不應將有關的商業秘密納入連鎖加盟權的範疇，而應通過其他的形式滿足連鎖加盟的需要。

例如：可口可樂總是嚴守其產品配方的秘密，而通過出售產品濃縮原液的方式許可受許人進行灌裝。將那些商業秘密納入連鎖加盟權，應當通過經營和法律兩方面的嚴格評估後方可實施，包括分析評價商業秘密是否是連鎖加盟權的必備要素，可否將商業秘密分拆實施部份許可，商業秘密的洩露對特許人可能產生的風險，等等。

特許人將商業秘密許可受許人使用，並不意味著受許人所有的職員都可以知悉商業秘密，也不代表受許人可以將商業秘密使用在無關的領域。特許人對許可受許人使用的商業秘密作出的限制與保留，將通過連鎖加盟合約或者單獨的予以規定。

商業秘密的特證之一是秘密性，採取保密措施是商業秘密的法定要素。在保護商業秘密的諸多要素中，人的因素是最關鍵的。知悉商業秘密的人越多，商業秘密被洩密的風險就越大，因此，應當嚴格限制知悉商業秘密的人員範圍。例如，特許人規定某一商業秘密僅限於受許人個人或企業經理知悉，那麼其他任何人知悉該商業秘密都將構成洩露商業秘密，即使是受許人企業的董事，受許人都將承擔相應的責任。

一般情況下，有關經營類的商業秘密限於管理層的人員知悉，技術秘密限於技術負責人知悉。特許人也有可能對知悉商業秘密的人員的特殊控制來達到保密的目的，例如：由總部直接派出知悉商業秘密的專業人員，具體負責受許人的某一專業工作。

為了達到對商業秘密的有效保護，需要通過具體的保密措施進行。總部應當對分部如何承擔保密義務作出具體規定。

總部應當根據商業秘密的具體情況，限定知悉商業秘密的人員範圍，並與其簽訂保密協議。保密協定可以由分部與承擔保密義務的人員簽訂，必要時，也可直接由總部與之簽訂，例如：知悉商業秘密的為受許人個人或系受許人的法定代表人，由受許人與之簽訂保密協議在操作上有難以克服的矛盾。

保密協議可以是雙方簽訂的合約，也可以是承擔保密義務的人員單方簽署的保密承諾書，或者將兩者結合使用。總部與分部之間的保密協議，不能代替分部知悉商業秘密人員簽署的保密協定。如果僅有總部與分部之間的保密協議而無知悉商業秘密人員簽署的保密協定，一旦洩密，總部只能追究分部的責任，而不能追究洩密人員的責任，這本身不利於商業秘密的保護，也不利於對知悉商業秘密人員的約束。

保密義務，在商業秘密進入公知領域後解除。但如果是由於承擔保密責任的義務人的洩密行為而導致商業秘密被第三人知悉時，並不因此免除其保密義務。

對違反保密義務的受許人及有關人員，可以依法追究其洩露商業秘密的責任。除此之外，特許人還可以通過合約約定受許人洩露商業秘密時的違約責任。法律規定的洩密責任是針對沒有保密協議時的法定責任，並不排除雙方當事人通過合約約定洩露商業秘密的違約責任。

心得欄

47

家紡專賣店特許經營協議書

甲方：○○有限公司(以下簡稱甲方)

乙方：(以下簡稱乙方)

「○○專賣」店是○○有限公司主導建立的一個銷售技術領先、品質優良，並能為用戶提供完善服務的電腦部件及軟體、網路產品。

甲乙雙方友好協商，就甲乙特許乙方在指定的地點、指定的經營面積內經營甲方公司提供的系列產品，並使用「○○專賣」店名稱對外經營達成協議如下：

1.總則

1.1 甲方授權乙方使用「○○專賣」店名稱對外經營，但許可權於乙方在下列1.2條所規定的位址使用，且不得另行轉讓他人使用。

1.2 專賣店指定地址為：________________________________。

經營面積共：_____平方米，長_____米，寬_____米，高_____米。

1.3 專賣店的裝修必須按甲方規定的標準進行，設計稿及費用支出必須由甲方審定，乙方實施。如乙方連續經營6個月以上，則由甲方全額承擔甲方審定的裝修費用。

1.4 專賣店的銷售區域為________，乙方不得在指定區域外銷售。

1.5 專賣店內只能擺放、銷售甲方提供的產品和廣告宣傳資料。

1.6 專賣店至少配備電話一部，接電話統一用語為「您好，○○專賣」。

1.7 專賣店店員服飾由甲方統一定制，費用由甲方承擔。乙方經營人員在經營期間必須按甲方要求穿著服裝及佩戴工牌。如乙方經營人員在工作時間內未按要求著裝，甲方將對乙方按規定進行處罰。

1.8 甲方僅授權乙方使用「○○專賣」店名稱對外經營，乙方必須合法經營，專賣店的一切債權債務及法律由乙方承擔，與甲方無關。

2.乙方的資質條件

加盟「○○專賣」店連鎖網路經營，乙方必須具備一定的資質，主要條件有：

2.1 必須是在當地正式註冊的獨立法人單位。

2.2 必須有一定的實力，能夠支付為經營「○○專賣」店所必需的正常運作的流動資金。

2.3 必須在適當的地點擁有或租有鋪面或櫃台用以經營「○○專賣」店，租期至少在一年以上並及時交納租金。

3.專賣

3.1 本專賣店所經營的產品必須是由甲方指定並由甲方提供的產品，甲方提供的產品必須符合國家有關部門制定的標準。

3.2 專賣店將首先以銷售甲方提供的○○系列產品為先導，主要包括有○○品牌的 A 產品、B 產品、C 產品等。同時甲方將利用其在行業內的經驗和影響，團結國內外製造廠商，推出其他的領先市場的優質產品，並為客戶提供完善的售後服務，形成這些產品的銷售服務網路。

4.專賣店的經營與管理

4.1 專賣店的管理

4.1.1 專賣店日常管理由乙方負責，乙方必須按甲方要求如實填寫專賣店月銷售及庫存表、市場訊息回饋表等甲方要求的表格，並按時傳回甲方。

4.1.2 乙方的經營人員中必須至少有一名經過甲方培訓，成績合格。乙方必須保證所有員工能瞭解經營產品的性能、特點及價格等，達到甲方所提出的要求；甲方儘量為乙方員工提供必要的業務知識的培訓。

4.1.3 甲方有權派出市場巡查員隨時到專賣店巡查。巡查內容包括：查問產品銷售價格、考核專賣店員工對產品的熟悉程度，考查乙方是否嚴格執行協議書所規定的條款。如果乙方在經營過程中違反有關法律法規或違反甲方所簽訂之協議書中的條款，甲方有權對乙方提出警告、部份或全部扣除乙方的返利直至取消乙方經營○○專賣店的資格(具體辦法見「○○專賣店獎懲辦法」)。

4.2 專賣店的進貨

專賣店每次進貨由乙方向甲方下訂單。甲方接到訂單後三個工作 El 內確認是否能如單按期供貨。若能，則通知乙方付款到後三日內安排發貨；若不能，則書面通知乙方更改。若因甲方原因不能按時交貨，則每逾期一天，甲方應按該訂單金額 0.5‰付給乙方作為補償，直至交貨完畢或取消該訂單。

4.3 專賣店的銷售

4.3.1 專賣店中所有產品的銷售價格和最低批發價格均由甲方統一制定，乙方必須嚴格遵守。如有違反，甲方將對乙方按規定進行處罰(具體辦法見「○○專賣店獎懲辦法」)。

4.3.2 乙方可以直接銷售給用戶或批發商，分銷商不得在專賣店的指定銷售區域外再銷售，也不得低於甲方指定的銷售價格。如有違反，乙方必須立即制止，甲方也有權要求乙方中斷與該客戶的業務往來。同時，甲方將視乙方分銷商的違規為乙方違規，有權對乙方按規定進行處罰(具體辦法見「○○專賣店獎懲辦法」)。

4.4 專賣店的結算

4.4.1 甲方提供乙方在專賣店銷售的產品均採用現金結算的方式，即甲乙雙方確認訂單後，乙方必須先將貨款全部支付甲方，甲方收到貨款後三天內安排發貨。

4.4.2 甲方將以返利的形式獎勵乙方，具體每種產品的返利金額將在價格表中列明(具體辦法見「○○專賣店產品價格表」)。

4.4.3 乙方財務人員按時將當月有關報表送交至甲方，由甲方統計後將條款 4.4.2 中返利金額按規定兌現(具體辦法見「○○專賣店獎懲辦法」)。

4.5 價格保護

不論何種原因，當甲方決定調價時，將對乙方提供 30 天內購入的庫存商品予以價格保護。

補償金額＝一個月內進貨的庫存商品數量×(原單價－現單價)

補償方式為在乙方下一次進貨時沖抵貨款。

當原單價低於現單價時，以原單價為準。

4.6 產品的調換

為減輕乙方的負擔及壓力，甲方對乙方三個月內購進的電源產品允許調換，即：乙方在銷售過程中如果感到某種電源產品將有滯銷的壓力，可在進貨後三個月內填寫商品調換申請表向甲方提出調換申請。只要需調換的產品包裝完好、未開封使用過，甲方將按乙方原進價(經價格保護的產品按保護後的價格)調換成等值其他產品給乙方，因調換產品而發生的運費由乙方承擔。

5.專賣店的風險保障

○○公司為保障廣大加盟商的利益，除了以上提過的裝修支持和退貨保障外，在同行中獨家推出「零風險經營計劃」，即專賣店經營首6個月內，如出現虧損，由○○公司全額承擔。但專賣店必須滿足以下條件：

5.1 專賣店只能經營○○公司的產品。

5.2 遵守○○公司的價格體系和其他有關制度。

5.3 專賣店的財務對○○公司的彙報完全真實。

5.4 代理商開設有專賣店，代理商需以專賣店的名義進貨。

6.專賣店的廣告宣傳

6.1 甲方擁有○○專賣店及甲方所提供產品的廣告宣傳、促銷活動的策劃權和決定權，乙方必須無條件配合。

6.2 專賣店的廣告宣傳、促銷活動分為全國性及地區性兩種。

6.2.1 甲方將在媒體(包括甲方網站及網上宣傳)上長期刊登廣告(廣告上刊登各專賣店名址或電話)，並適時舉辦促銷活動。媒體上刊登廣告的費用由甲方承擔。

6.2.2 在專賣店當地地方媒體(如當地商報)上刊登廣告由乙方提出，稿件須經甲方批准，乙方承擔費用，甲方可視情況予以適當補助。

6.2.3 促銷活動由甲方策劃、甲乙雙方配合實施，費用主要由甲方承擔。但降價促銷，則須由甲乙雙方同意才能決定實施，費用由甲乙雙方共同承擔(乙方承擔部份可由返利中扣除)。

6.2.4 乙方在認為必要時可自行出資舉辦地區性促銷活動，但方案必須報甲方批准後方可實施，費用由乙方承擔，甲方可視情況予以適當補助。

6.3 乙方必須按甲方要求在店內張貼、懸掛及派發甲方提供的宣傳畫、海報及其他張貼物、POP，產品也要按甲方的要求擺放整齊。

6.4 若乙方未能達到甲方要求，甲方將酌情予以處罰(具體辦法見「○○專賣店獎懲辦法」)。

7.專賣店的售後服務

7.1 所有在本協定第二條中規定的產品，每個專賣店都必須無條件為客戶提供售後服務。

7.2 甲方將為專賣店提供一台電源測試儀，電源測試儀的所有權屬於甲方，乙方須向甲方交付使用押金 1500 元。

7.3 當客戶持○○專賣店產品前來要求退換或維修時，不論該產品是否在此專賣店購買的，專賣店的店員都必須熱情接待並及時處理。

7.4 店員拿到客戶欲退換或維修的○○專賣店產品後，乙方首先必須確認該產品是否由甲方所生產(即是否假冒)。若不是，則向客戶說明並拒收；若是，則先進行簡單測試，若確是不良品，則按該產品的維修承諾為客戶服務。

7.5 當乙方確認產品有品質問題並已對客戶進行服務後，將該不良品並連同填妥的「○○專賣店品質報告書」一起發回給甲方，甲方收到後對該產品進行再檢驗，若確認無品質問題或非甲方責任，則發還乙方處理；若確屬甲方責任則按該產品的維修承諾提供服務。

7.6 乙方如有違反上述條款，甲方有權酌情予以處罰(具體辦法見「○○專賣店獎懲辦法」)。

8.專賣店的經營期限

專賣店的經營期限即等同本協議的有效期限。本協議自雙方簽字之日生效，以一年為限。如在過去一年內雙方合作愉快，且乙方無任何過失或損害甲方利益及名譽之行為情況下，乙方享有在當地優先續簽經營「○○專賣店」的權利。

9.專賣店的終止

9.1 本協議到期即自動終止，則該專賣店也同時終止經營。

9.2 在本協議有效期內，乙方如要終止經營，須提前 30 天書面通知甲方，並履行完本協議所規定的所有責任。

9.3 不論何種原因導致專賣店終止，乙方在最後一個月內所進貨物中未開啟包裝、未使用過且包裝完好的部份均可按進價退還甲方。

9.4 乙方如有嚴重侵害甲方權益的行為，甲方可以單方面終止本協議，即終止專賣店的經營。

10.法律效力

10.1 本協議自雙方簽字蓋章之日生效，有效期一年。協定到期後，雙方可協商續簽或協議自動終止。

10.2 本協定附件為協議書的組成部份，共 7 個附件。分別為：

附件 1：××專賣店產品訂貨單(代合約)

附件 2：××專賣店產品報價單

附件 3：××專賣店商品調換申請表

附件 4：××專賣店月銷售報表及庫存信息表

附件 5：××專賣店品質報告表

附件 6：××專賣店獎懲辦法

附件 7：××專賣店返利核對詳表

10.3 本協議一式二份，雙方各執一份，未盡事宜，雙方協商解決。如協商不成，任何一方均可向任一方所在地法院起訴。

心得欄 ------------------------------

48

連鎖加盟合約的競業禁止規定

除了通過保密協議保護商業秘密之外，連鎖加盟合約也普遍使用「競業禁止條款」保護商業秘密，即：知悉特許人商業秘密的義務人在從事與連鎖加盟系統相競爭的業務方面受到時間或地域上的限制。特許人培訓了受許人從事連鎖加盟業務的技能，不希望受許人成為自己的競爭對手；同時，對連鎖加盟系統內知悉商業秘密的部份員工，包括管理人員和技術人員，也有必要通過競業禁止的方式限制其參與到與連鎖加盟業務具有競爭關係的業務中去。

在合約履行期間及終止後三年內，承擔競業禁止義務；分部的有關人員，應當按照總部的規定簽署《競業禁止協議》，在分部工作期間及勞動關係結束後三年內，承擔競業禁止義務。

競業禁止是指以下列任何一種方式參與與總部連鎖加盟業務相競爭的行為：以投資、參股、合作、承包、租賃、委託經營或其他任何方式參與有關業務；直接或間接受聘於其他公司或組織參與有關業務；直接或間接地從與總部相競爭的企業獲取經濟利益。

分部應當按照總部的規定與有關人員簽訂《競業禁止協議》，使其承擔競業禁止義務。總部對分部在連鎖加盟合約終止後承擔競業禁止義務不給予直接的經濟補償，但因分部承擔競業禁止義務而導致對連鎖加盟系統投入的資產被閒置，則總部應當在連鎖加盟合約終止後，按照評估價格收購其閒置資產，或者按照其實際閒置時間每月給予補償。

時間上的限制包括在合約履行期間內和合約終止後的一定期限。國內法律對此尚無相關規定，但在司法實踐中，對合約終止後競業禁止的限制期限仍然受到一定的約束，限制期限一般在三年以內。如果在簽訂連鎖加盟合約以前，受許人已經在從事相關業務，則其本身可以排除在限制範圍之內。

地域上的限制包括從事連鎖加盟業務的地域和該地域以外的地域。容易引起爭議的是：限制受許人在連鎖加盟合約終止後，在許可地域之外且並非特許人現有市場的地域從事相競爭的業務是否合理，是否認為與連鎖加盟有競爭關係，連鎖加盟合約最好對此作出具體規定。

何為「相競爭業務」，往往也需要具體界定。在認定其適用範圍時，如果過於寬泛，使得受許人不能從事商業活動，將有失公平，特別是受許人本身就在從事相關業務時加盟連鎖加盟，如果作出過於嚴格的限制，使受許人在連鎖加盟合約終止後不能從事原來的行業，對受許人是顯失公平的。

參與競爭的形式也應當予以界定，不能僅限於直接投資的方式，否則，受許人可以通過合法的方式進行規避，以達到參與競爭的目的。任何直接或間接地參與競爭以及從競爭企業獲取利益的行為都應被視為違反競業禁止義務的行為。

當然，也應當看到，連鎖加盟合約規定「競業禁止條款」，往往是希望受許人可以繼續留在連鎖加盟系統內，通過競業禁止的手段達到穩定網路成員的目的。

保密條款和競業禁止條款是保護商業秘密的兩種手段，應互相配合使用，有效發揮其作用，但二者之間也有不同，競業禁止並不限於承擔保密義務的主體。

在連鎖加盟期間，受許人為連鎖加盟投入了可觀的資源與時間，並向特許人繳納了連鎖加盟費用。在連鎖加盟合約終止後，因承擔競業禁止義務，受許人的行為受到限制，不能使用其通過學習所掌握的知識以及實際投入連鎖加盟的資產帶來的利益，對受許人而言就是一種損失，因此，受許人有權要求獲得補償問題。

關於企業承擔競業禁止義務的補償問題，法律尚無任何規定。在這種情況下，作為特許人並不願意主動向受許人進行補償，特許人認為，受許人由於知悉了特許人的商業秘密，並可能通過連鎖加盟已經獲得足夠的收益，作為對其投入的資產與時間的補償，承擔競業禁止義務是履行連鎖加盟的必然要求，作為一種合約交易條件，無需另外給予補償。在法律沒有作出規定前，要求特許人主動給予受許人補償可能是不太現實的。

但是，受許人因承擔競業禁止義務而導致投入連鎖加盟系統的資產被閒置時，特許人給予適當的補償或予以收購，以減少受許人的損失，是有必要的。尤其是在受許人投入的資產在一定程度上是專屬於連鎖加盟系統使用時，不予以適當補償有失公平，否則，很難保證競業禁止條款的效力獲得足夠的認同。資產閒置的補償，以雙方確認的結果為依據，如果資產已經用於出租或其他用途，則不在此限。補償標準可以按照資產的最低損失程度由雙方分擔，即可認為是合理的補償。

連鎖加盟系統的員工因承擔競業禁止，也將造成其工作技能的閑賦，影響其尋求適宜的工作崗位，造成收入水準的降低，因而有權要求獲得補償。

對員工承擔競業禁止義務的補償，一些地方性的法規，如規定企業員工在離職後因承擔競業禁止義務，有權獲得經濟補償。這種立法保護僅限於幾個經濟發達城市的地方性法規。

員工承擔競業禁止義務與企業承擔的競業禁止義務在性質上有所不同。企業承擔競業禁止義務是對民事權利的限制，其喪失的是民事權利，而民事權利的放棄可以由合約約定，只要約定符合當事人的意願，法律一般不予干預，除非違反了法律的強制性規範或基本原則、社會公共利益等；而員工承擔競業禁止義務是對勞動權利的限制，勞動權作為公民的生存權，法律給予了更多的保護，在一般情況下不得對公民的勞動權利進行限制，合約受到法律更多的干預。因競業禁止而導致員工喪失了獲得其擅長領域的職位，使其勞動收入受到影響，企業應當補償，這是國際通行的做法。在地方性法規未作出強制性規定之前，法院曾參照國際上通行的做法作出過有在關案例的判決，否定了不給予補償時競業禁止條款的效力。

對受許人員工承擔競業禁止義務給予補償的責任如何承擔，是值得研究的問題。從法理上說，作為互為權利義務的法律關係，應當由競業禁止的權利人承擔補償責任。要求員工競業禁止義務，是對連鎖加盟系統的保護，特許人與受許人都是受益人。因此由特許人與聘用該員工的受許人共同承擔補償是合理的，但受許人的補償義務應當限於連鎖加盟合約期間內，而不及於合約終止後。

49

專利權的終止

專利權具有一定的期限，例如在中國發明專利權的期限為 20 年，實用新型專利權和外觀設計專利權的期限為 10 年，均自申請日起計算，期限屆滿後，專利權終止。由於專利權終止的期限事先是知道的，在確定連鎖加盟合約的期限時，已經考慮到專利期限的問題，所以不應成為影響連鎖加盟合約履行的障礙。

但特許人在簽訂連鎖加盟合約時，故意隱瞞或者虛構專利期限的，則應根據具體情況可以要求特許人承擔責任；在連鎖加盟合約簽訂後許可實施的專利，與連鎖加盟合約的成立沒有關係，故不能成為影響連鎖加盟合約履行的因素。

專利權除期限屆滿而終止的情形外，還存在期限屆滿前提前終止的情形。按照專利法規定，因專利權人沒有按照規定繳納年費的或者專利權人以書面聲明放棄其專利權的，專利權在期限屆滿前終止。專利權的提前終止，可能是特許人的過錯所致(沒有按時交納年費)，也可能是特許人基於一定的考慮或策略主動放棄專利權。

專利權在期限屆滿前提前終止是否影響連鎖加盟合約的履行，除了考慮提前終止的原因外，還應當根據專利對連鎖加盟權的重要性而定。如果專利對系統發展具有重要的作用，構成連鎖加盟權的主要內容，特許人提前終止專利權的，受許人可以要求特許人承擔相應的責任，包括解除合約、賠償損失、減少連鎖加盟費用等。具體承擔責任的方式，可在連鎖加盟合約中規定。除明確規定的情形之外，其他專利權期限的提前終止，不應影響合約的履行。

專利在期限屆滿前終止的情況，一般來說是不會發生的，特許人不會作出不利於自己的選擇，除非該專利已經喪失其存在的價值，或者基於某種策略需要放棄。這種可能畢竟存在，合約應當考慮到一旦發生這種情況時的處理方式。如果連鎖加盟合約沒有作出規定，或者其規定對受許人顯失公平的，法院或仲裁機構有權作出適當的裁決。

心得欄 ------------------------------

50

連鎖加盟合約的訴訟權利

對第三人侵權總部知識產權的行為，分部及其加盟店應當按照規定行使訴權。

對第三人侵犯總部知識產權的行為，由總部根據侵權的範圍、結果、影響等情況確定行使訴權的主體。

分部(加盟店)行使訴權，應當經總部書面同意。分部(加盟店)應當按照總部的指示，對第三人的侵權行為採取措施。除因情況緊急而需要採取訴前保全措施的情形之外，針對第三人侵權行為採取的任何措施均應按總部的指示行事。

連鎖加盟系統的知識產權屬於特許人，特許人擁有保護其知識產權的各種權利；受許人通過特許人的許可，獲得知識產權的使用權，按照法律規定，受許人對許可使用的知識產權，在授權範圍內享有保護知識產權不受侵犯的權利。受許人作為與知識產權有關的「利害關係人」，可以行使包括制止侵權行為、要求行政機關予以查處、提起訴訟、訴訟保全、索賠、調查侵權行為、發表聲明等權利。

對侵犯連鎖加盟系統知識產權的行為，不外乎通過和解、行政查處及司法程序三種途徑解決，每一種解決途徑，都有自身的特點。和解可以比較迅速地化解侵權行為，節省時間，但往往力度不夠，同時由於侵權證據較難搜集，可能難以達到制止侵權及索賠的目的。

通過行政部門進行查處可以迅速、有力地查明侵權事實，制裁侵權行為，同時有利於收集侵權證據；但行政部門對民事賠償問題只能進行調解，沒有強制侵權人賠償的權利。通過法院訴訟可以更好地達到索賠的目的，且證據保全措施對確認侵權事實具有重要作用；但法院並不負責收集侵權證據，舉證責任由權利人承擔，因此舉證較為困難。

與通常情況不同的是，連鎖加盟對知識產權的許可是多種權利的組合，對知識產權的保護較為複雜；除知識產權的許可之外，特許人與網路成員之間還包括其他的合作關係，並與知識產權的許可使用關係相互交織在一起，需要考慮的問題更多；連鎖加盟是特許人與網路成員長期共贏的合作系統，雙方的根本利益是一致的；連鎖加盟的知識產權涉及到眾多的網路成員，需要綜合權衡侵權與維權的整體情況，而不能各自為政，自行其是。因此，網路成員享有訴權是一個方面，但在行使訴權時，還必須按照總部的規定進行。

連鎖加盟系統知識產權保護的複雜性，要求所有網路成員在總部的統一領導下，服從總部的指令，分工協作，方可正確行使訴權，有效行使保護系統知識產權的權利，否則，保護系統知識產權的工作將陷入混亂狀態。例如：侵權產品通過各地經銷商進行銷售，如果不進行統一管理，而由各網路成員行使訴權，就會出現大量的重覆訴訟的情況，浪費時間精力，增加訴訟成本，甚至出現自相矛盾的行為及判決結果等不協調的情況；更有可能出現的情形是，由於搜集證據及訴訟的難度，網路成員均採取放任自流的態度，面對侵權行為而無動於衷。無論是發生那一種情況，對連鎖加盟系統都是不利的，其結果可謂是「群龍無首，謂之烏合」，系統的渙散必然逐步侵蝕系統的基礎，最終導致系統的失敗。

根據法律規定，對第三人侵犯總部知識產權的行為，如果同時侵犯了受許人對知識產權的使用權，則受許人作為「利害關係人」可以行使相應的訴權。按照法律的規定，「利害關係人」只能在許可使用的範圍內行使權利；如果侵權行為與之沒有「利害關係」，不再享有訴權。因此，不是法律規定的所有權利，受許人都可以行使，例如受許人享有某商標用於製造牛奶產品的權利，但侵權產品是純淨水，可以認為沒有利害關係，受許人不享有對侵權行為主張的權利。但是，這也不等於凡是與受許人有利害關係的權利，受許人都有權行使，特許人可能不給予受許人行使訴權的權利。特許人對受許人具體如何行使保護知識產權的權利，需要根據系統的整體利益來確定。

在具體決定對某一侵權行為採取措施時，系統需要考慮的因素是比較複雜的，例如，侵權行為跨越了兩個以上的區域，這就需要考慮是由各網路成員分別搜集證據，還是由總部統一負責；那些區域需要通過申請行政部門進行查處；向法院提起訴訟時，是由一個網路成員先行起訴，還是各網路成員同時起訴，或者由總部提起訴訟；是針對侵權的製造商起訴，還是對銷售侵權產品的銷售商起訴，或者同時起訴；以及選擇何地法院起訴，等等。不同的訴訟策略，所要達到的目的和效果是有區別的。

涉及的問題還遠不止這些，這也並不完全是因為對知識產權的侵權行為客觀上具有的複雜性，還有在維權時所採取的步驟與策略，維權的緊迫性，維權在法律上的可行性，以及司法部門在知識產權案件審理方面是否具有相應的司法實踐經驗，法律風險的評估，可能獲得的賠償，等等。所有這些情況，都不可能在制定連鎖加盟合約時作出一個非常明確的規定。

現實可行的方法是，連鎖加盟合約對此作出一個原則性的規定，賦予特許人根據侵權個案的情況作出決定，具體確定行使訴權的主體以及與此相關的方案。受許人應當尊重特許人的選擇，服從整體利益的需要，按照特許人的要求採取行動。

心得欄 --

51

連鎖加盟的各項費用負擔

知識產權的保護是一個相當複雜的司法問題，在保護知識產權的過程中，將產生相關的費用，尤其是在調查知識產權侵權行為時，可能需要花費很大的開支。與一般的合約及債務糾紛不同，知識產權存在的訴訟風險更大，訴訟時間往往很長，可能獲得的賠償事先很難具體估計，因而事先投入的費用從直接價值來說具有一定的風險性。

對第三人侵犯總部知識產權的行為採取措施所支出的調查費、訴訟費、律師費及相關費用， 由總部行使訴權的訴訟費、律師費由總部支付；其他費用由分部支付；總部與分部根據個案另有約定的，按約定辦理。

針對第三人侵權行為所獲得的賠償金原則上按照下列方法分配：根據法律規定的「侵權損失」計算獲得賠償金的，由受到損害的網路成員按比例分配；根據法律規定的「侵權利益」或者其他方法計算獲得賠償金的，由總部參照網路成員受到的損失及案件訴訟情況等合理分配；總部、分部及加盟店為制止侵權行為所支付的開支，從獲得的賠償金中優先支付。

一方面是由誰支付費用，即由誰預先支出所需的費用。連鎖加盟合約可以規定由總部和分部如何具體支付所需費用的辦法，也可以考慮設立一項專項訴訟基金，用於支付與保護知識產權有關事務所需的費用，專項訴訟基金可以由總部和分部共同投入，以及由網路成員在加盟時繳付，用於支付有關的費用，然後從賠償金中優先撥付，並從賠償金中按比例適當扣繳，以保證專項訴訟基金保持一定的數額。

另一方面是如何負擔費用。通常情況下對侵權行為會獲得適當的賠償，從賠償金中優先支付費用是當然的選擇。但需要考慮的是，如果賠償金不足以支付支出的費用時，如何處理?如果優先支付只是適用於個案，可能導致因某一案件支出的費用不能獲得滿足的情況發生。解決這一問題的方式包括：優先支付適用於所有的案件，而不限於個案；或者通過設立專項訴訟基金的方式統一管理。

保護知識產權的費用的負擔，看似簡單的問題，但其實並不簡單，如果不預先假以合理的安排，操作起來會非常困難，而且由於投入的費用存在的風險，可能不能獲得足夠的賠償，這會傷害部份網路成員的積極性，從而影響系統知識產權保護工作的正常開展。

由於連鎖加盟系統是由網路成員組成的，以及前述知識產權侵權的跨地域性，某一侵權行為可能對多個網路成員造成侵害，這就涉及到獲得的侵權賠償如何在網路成員中進行分配的問題。某些情況下，可以依賴法院判決的確定，但由於知識產權侵權案件的特點，根據法院的判決也經常不能確定賠償的受益人。同時，侵權行為既侵害了網路成員的利益，更侵害了總部的權益，畢竟知識產權的所有人是總部。此外，還應當考慮網路成員在制止侵權行為行動中發揮的作用等。

知識產權法對侵權賠償的規定基本是一致的。侵犯知識產權的賠償數額，為侵權人在侵權期間因侵權所獲得的利益，或者被侵權人在被侵權期間因被侵權所受到的損失，包括被侵權人為制止侵權行為所支付的合理開支。如果侵權人因侵權所得利益，或者被侵權人因被侵權所受損失難以確定的，由民法院根據侵權行為的情節判決給予 50 萬元以下的賠償(專利侵權參照該專利許可使用費的倍數合理確定)。

在確定賠償金的分配時，首先需要確立的基本原則是：實際受到損害的網路成員享有優先受償權。如果網路成員因侵權行為受到損害，理應得到相應的補償。但是，正如法律確定的賠償辦法並不僅限於「侵權損失」一種方式一樣，在很多情況下，「侵權損失」可能難以計算。法院作出的判決可能是根據「侵權利益」而作出的，或者是「酌情決定」的，或者是按照其他方式決定的，與網路成員受到的損失情況並無具體的聯繫。

經常出現的情況是，受到損害的並非某一網路成員，需要在網路內部來決定賠償金的分配辦法，這可能是有一定難度的。在此情況下，只能由總部酌情進行分配。雖然有的時候，「侵權損失」因為難以計算或證據不足等原因而以其他方法確定賠償數額，但這並不妨害網路成員內部進行賠償金的分配時，合理地估計網路成員的受損情況。

在分配賠償金前，首先需要滿足的是，網路成員對侵權行為採取措施而實際支出的費用。相對于網路成員受到的損失而言，支出的費用是最直接的損失。無論是通過協商、行政調解或者法院裁決，網路成員為制止侵權行為而支付的費用，都可能因為不屬於「合理開支」，而不能得到賠償。

但在網路成員內部份配賠償金時，則對「合理開支」的理解應當放寬，因為很多開支在法律上可能不合理，但在實際上是需要支出的，或者某些開支在支出時可能根本無法判斷是否合理，但又確有必要支出。原則上，只要網路成員確實支出了有關的費用，就應當優先得到滿足。

連鎖加盟合約只能對此作出一些原則性的規定，要具體解決分配問題，可能需要根據系統保護知識產權的情況，作出或簡或繁的具體規定。

心得欄 ------------------------------

52

連鎖加盟的宣傳問題

總部和分部均有義務持續不斷地宣傳商標和品牌。總部應事先制定每年度的宣傳計劃，並徵求分部的建議或意見。總部應向分部提供宣傳所需的手冊、招貼畫、紀念品等資料，並由總部(廣告基金)負擔其費用。

分部應當在特許區域內執行總部的宣傳計劃，實施總部要求的宣傳工作，在本區域內宣傳商標和品牌，維護商標和品牌的形象。

總部、分部及其加盟店均有義務通過廣告活動，宣傳連鎖加盟系統的品牌、商標及產品(服務)，並按照本合約的規定負擔廣告與宣傳費用。

總部負責系統的廣告計劃、廣告策略、廣告設計及全國性廣告的發佈，分部負實施本區域的廣告計劃和地區性廣告的發佈。

從經營角度而言，持續地宣傳連鎖加盟系統的商標與品牌是不言而喻的事。對此，特許人及網路成員必須樹立正確的認識，受許人不僅僅是品牌的受益人，作為品牌的使用人，也有義務宣傳維護品牌的形象和價值。只有特許人和網路成員的共同努力，才能不斷提升品牌形象，使網路成員獲得更大的利益。目前，國內連鎖加盟企業往往過分渲染特許品牌的價值，卻很少強調受許人宣傳、維護品牌的義務，結果導致對品牌宣傳的投入不足、宣傳不當，品牌沒有得到應有的維護，成為連鎖加盟失敗的重要原因。

尤其是，多數的連鎖加盟品牌都還屬於「地區性品牌」，通過連鎖加盟向其他地區擴張時，其品牌形象與價值已經大打折扣，指望特許人在特許區域投入大量的品牌宣傳費用，往往是不現實的，受許人需要承擔對商標與品牌進行宣傳的主要責任和費用投入。即使是「全國性品牌」甚至馳名商標，也需要持續地加以宣傳，並賦予商標、品牌新的內涵，保護和提升品牌的形象與價值。總部和網路成員都有義務對此發揮作用，依賴對方或推卸責任的做法，都是不可取的。

正確的做法是，通過連鎖加盟合約明確特許人與網路成員宣傳品牌的責任，並對宣傳費用的投入作出具體的安排，使之落到實處。

心得欄

53

連鎖加盟的廣告義務

品牌的形象與價值需要持續不斷的廣告宣傳，作為品牌的所有人與受益人，這是總部與全體網路成員的責任與義務。儘管不同的連鎖加盟系統對品牌宣傳的要求不同，網路成員在廣告宣傳方面的責任大小也有不同，但都毫無疑問地需要網路成員的共同參與。

連鎖加盟企業很少強調受許人在廣告方面的責任，而突出強調特許人的廣告職責，並過分誇大總部發佈廣告對受許人的支援功能，給受許人造成一種錯誤的認識，廣告宣傳是總部責任，加盟商不需要考慮廣告的問題，在特許人所製作的加盟商投資及經營預算中，一般也不包括廣告費用在內。但是，特許人承諾的廣告投入往往不到位，而且全國性的廣告也不能代替地區性的廣告，以及單店的開業及促銷廣告。最終的結果是造成連鎖加盟系統廣告投入的嚴重不足，廣告功能嚴重缺位，不利於網路成員的發展。

從法律概念而言，按照廣告法的規定，廣告是指商品經營者或者服務提供者承擔費用，通過一定媒介和形式直接或者間接地介紹自己所推銷的商品或者所提供的服務的商業廣告。

而宣傳的含義與廣告一詞略有不同，廣告側重於強調其商業化的功能和發佈形式，限於付費式的發佈；而宣傳側重於強調對品牌的維護功能，不僅包括了廣告宣傳，還包括通過公關等方式對品牌進行的宣傳。

連鎖加盟合約可以進一步規定網路成員在廣告宣傳方面的分工與主要責任。一般情況下，總部主要負責全國性廣告的發佈，廣告計劃與廣告策略的制定，統一製作廣告宣傳用品，等等；而分部負責本區域廣告計劃的實施及地區性廣告的發佈，加盟店負責店面廣告及單店促銷活動的開展，等等。

在不同的連鎖加盟系統中，總部與網路成員的職責與分工，其內在的要求與廣告成本等，都會影響對廣告職責的分工，有的產品主要通過全國性廣告進行宣傳，總部承擔主要的責任，如汽車銷售；而有的系統在作好全國性廣告的同時，大量依賴地區性廣告，如零售業更多地使用城市報刊開展促銷宣傳。

廣告是一項非常專業的、系統的工作，從廣告策略、廣告計劃的制定與實施，到具體某一廣告的策劃、設計與發佈等工作，都應當與企業的整體發展戰略及營銷策略相適應，真正促進企業的發展。因此，特許人對連鎖加盟系統的廣告進行控制是必要的，但控制的具體要求則取決於特許人的決定。特許人對系統廣告進行控制的方法主要包括三種方式：

一是特許人對系統的廣告進行直接控制，即由特許人對具體廣告的設計與發佈進行直接的控制，受許人發佈廣告的具體內容、發佈方式、發佈時間等，都按照特許人的要求進行，受許人只是發佈廣告的執行者，對廣告活動沒有自主權。

二是由特許人對網路成員的廣告發佈進行審核批准，即特許人不對受許人發佈廣告的內容作具體的規定，但要求受許人必須將廣告的內容、發佈方式、發佈時間等事項報特許人審核批准。審核批准可以採取事前核准的方式，即只有經總部批准後方可發佈；也可以採取事後核准的方式，即在發佈廣告後，在規定時間內報總部核准，總部有權否決並停止廣告的發佈。受許人享有有限的廣告自主權，但最終權利由特許人控制。

三是由特許人制定系統發佈廣告的準則，即特許人不對網路成員發佈廣告進行直接的限制，而是由總部制定發佈廣告的基本原則與標準，由網路成員根據這些原則和標準設計、發佈廣告，受許人享有較大的自主權。

很多特許人希望保留對系統廣告的絕對控制權，要求受許人完全按照總部的要求開展廣告活動，使用總部提供的廣告內容，並對受許人的廣告宣傳活動進行嚴格的監督。

總的來說，這是有必要的，公眾對廣告的要求越來越高，有的廣告製作成本不菲，甚至高達千萬元以上，這是網路成員很難達到的。絕對地控制也有弊端，廣告可能不適應區域市場的情況，浪費廣告資源，而且總部的控制也可能比較麻煩。受許人按照總部制定的原則與標準發佈廣告，往往需要受許人具備一定的實力和經驗，否則很難實施。應當根據系統的情況來決定，對單個加盟店的廣告，特許人應當予以更多的控制；而對區域分部，可以賦予其一定的自主權。

54

連鎖加盟的保證金

特許人收取保證金的現象較為普遍，特許人也有理由收取保證金，擔心受許人在獲得特許人商業訣竅後不履行合約或擅自解除合約以及不履行撤除招牌等義務，特許人希望通過保證金直接獲得全部或部份賠償，而不願通過訴訟程序索賠，更不願承擔判決難以執行的結果，等等。

為保證履行合約規定的義務，分部應當在本合約簽訂時向總部交納保證金。保證金不計算利息。

如分部拖欠總部的債務(特許權使用費、服務費、貨款、罰款、違約金等)，總部有權以保證金的全部或部份充抵債務。分部在接到總部充抵債務的通知後，應當立即向總部支付與充抵債務數額相同的現金，補足保證金。

無論因任何原因終止本合約，在分部履行本合約規定的義務後滿，總部應歸還分部保證金。

但是，我們發現，保證金已經被一些特許人作為獲取利益的不正常手段，以免收加盟費等方式引誘加盟商加盟，而收取所謂的「保證金」。尤其是那些規模不大、系統不夠成熟的連鎖加盟企業，在保證金收取後，並非將保證金專款存入帳戶，而是由特許人任意支配，保證金等於被挪用了。特許人的利益得到了保證，而受許人的保證金卻失去了保證。既使是比較可信的特許人，由於連鎖加盟合約期限一般都很長，其風險同樣存在。作為加盟商，應當認識到交納保證金並非連鎖加盟所必須的，認識到交納保證金本身的風險。如果沒有收取保證金的充足理由，應儘量免除交納保證金的義務。即使收取保證金，最好將保證金專款存入指定銀行帳戶，由雙方共同控制保證金的支取，在確保保證金的擔保功能的前提下，防止一切可能發生的擅自動用保證金的情形發生，這對於雙方來說都是公平的。

保證金返還的時間，也是值得考慮的問題。受許人在經營期間使用特許人的品牌從事經營活動，在連鎖加盟合約終止時，受許人作為銷售者的產品品質責任及潛在的法律責任並未結束。

一旦發生索賠等問題，如果受許人此時已經不復存在，將可能導致特許人承擔因受許人的過錯而產生的替代責任。因此，特許人應當根據產品品質責任及其他因素確定在適當的時間內返還受許人的保證金，以避免在連鎖加盟合約終止後成為受許人的「替罪羊」。

保證金的目的是保證交易安全，但現實生活中的保證金，往往成為交易不安全的陷阱，特別是一些規模較小的企業，包括加盟商交納的保證金及加盟費等在內的資金安全得不到任何保證。國家在立法時有必要考慮對此進行適當地干預，例如規定保證金只能以規定的方式存入銀行帳戶。

55

特許連鎖加盟的加盟費

總部將連鎖加盟權許可受許人使用，受許人將向總部支付一筆加盟費用，這是連鎖加盟的慣例。

分部向本區域內加盟店收取的加盟費歸總部所有，由分部於加盟店簽訂連鎖加盟合約後 10 日內支付。

除本合約另有規定之外，無論是本合約期滿、中途解約或因其他原因而終止，分部及加盟店均無權要求總部返還加盟費。

銷售額是指加盟店的全部經營收入(包括進貨回扣、銷售返利等)，扣除給予客戶的現金折扣、價格折扣、實物折扣的合計金額，無論是否已經收訖。

分部直營店亦應按照上述規定計算特許權使用費並按照規定的比例向總部交納。

加盟費的多少，由特許人根據系統的情況而定。總部可能會制定一個統一的加盟費標準，規定加盟費為一個固定的數額。但是，在系統的加盟店本身分為不同的檔次時，其加盟費會有所差別；在各區域市場的情況差別較大時，也會促使特許人制定不同的加盟費標準。在制定區域分部加盟費的標準時，需要考慮的因素主要是：

(1)連鎖加盟的系統狀況，即連鎖加盟系統所使用的品牌的知名度，系統發展的成熟程度，建立分部的投資總額，系統的盈利能力，以及分部獲得成功的可靠性等因素，它決定了系統自身的市場價格。

⑵區域市場的開發價值，這主要是指連鎖加盟區域的大小，人口數量的多少，經濟的發展程度，加盟店可能設立的數量等因素，它決定了分部未來可以在區域內進行市場開發可能獲得的預期收益。

⑶連鎖加盟權的價值，即總部為開發連鎖加盟所需投入的成本及分部為了獲得類似的連鎖加盟權需要花費的成本與時間。開發成本越高時間越長，其市場門檻也就越高，競爭對手越少，分部成功的把握性越大，能夠獲得的預期收益越多，區域連鎖加盟權的市場價值也就越高。同時，區域連鎖加盟權的市場價格還受同類連鎖加盟權的價格即市場競爭因素的影響。

⑷分部特許的市場價值，即分部在區域內可能向加盟商銷售分特許的數量及獲得的加盟費、特許權使用費及其他收益的數額。如果預計在本區域內可能銷售的分特許越多，則分部可以收取的加盟費和特許權使用費就越多，獲得的經營利潤也越多，區域連鎖加盟權的價格相應也就越高。

⑸總部實施連鎖加盟的成本費用，即總部為了使分部建立起區域內的連鎖加盟系統所需花費的全部費用，包括進行培訓、支持、市場調查及可行性分析等支出的費用。特許人支出的成本越多，加盟費也就越多。

總部與分部在談判加盟費時考慮的因素還不止上述幾個方面；總部也可能對分部的加盟費並不規定統一的標準，而是由雙方通過談判協商確定。

與此相關的問題是，分部進行分特許時收取的加盟費歸誰所有。總部在該問題上應當有一個統一執行的標準。總部應當考慮到，為建立分特許總部是否需要投入費用，如對加盟店經理的培訓是否由總部負責，以及總部在向分部收取加盟費時，是否已經收取了分部可能獲得的分連鎖加盟費。由總部與分部共用分特許的加盟費，是多數系統的選擇。

無論是區域特許或者分特許，加盟費的返還問題都是連鎖加盟合約必須關注的重要問題。通常在連鎖加盟合約中都會有這樣的規定：無論在任何情況下加盟費都不予返還。這樣的規定實際上是建立在這樣的前提下：連鎖加盟權不存在任何瑕疵，特許人充分地履行了許可連鎖加盟權的義務，即合約標的的品質符合要求且已經「交付」。

事實上，連鎖加盟權是否存在瑕疵，有時特許人自己都不知道，例如構成連鎖加盟權核心技術的專利權存在被撤銷的因素。在特許權本身存在瑕疵的情況下，加盟費全部不予返還將有違法理。因此，連鎖加盟合約應當儘量預見到返還加盟費的情況，不僅有助於避免不必要的糾紛，也更有利於加盟商接受特許人制定的合約條款。合約採用「例外」規定的方式規定加盟費是否返還，是比較現實的選擇，而且在本合約的有關章節中已經對此作出了相應的規定。

國內相當數量的企業以免收加盟費的方式發展加盟商，我們不排除一些項目在連鎖加盟發展初期為了吸引加盟商而採取「低價」策略，但多數項目的「免費」基本等同於加盟的「陷阱」，名為免收加盟費，實則根本不具備發展加盟的條件，更不向加盟商提供系統的培訓，所謂「免費加盟」，其實就是向加盟商貶賣設備或產品，低進高出，變相牟利，投資者加盟後得不到任何有效的支持，只能自生自滅。此類連鎖加盟，事實上就是曾經大行其道的「技術轉讓」、「產品回收」等騙局的翻版，只是順應形勢發展的「要求」，改頭換面，重新包裝上市。投資者務必謹慎從事，謹防上當受騙。

連鎖加盟費用主要包括兩項基本的費用，即加盟費和特許權使用費。加盟費是在連鎖加盟合約簽訂時支付的一筆包括培訓、指導及接受系統知識產權等在內的費用，相當於「入門費」的性質。加盟費最主要的是支付總部運作加盟的成本費用，在正常情況下，總部從加盟費中獲取利潤的空間是非常有限的。

總部獲取連鎖加盟利潤的途徑主要是產品銷售的利潤，特許人一般還同時向受許人收取特許權使用費，即在連鎖加盟過程中持續性地向受許人收取一定的費用，包括了特許人維持系統運行的成本和特許人的部份利潤。這是符合連鎖加盟的規律的，即：特許人應當基於受許人對連鎖加盟權的使用即實際經營活動而獲得利益。有的系統特許入主要通過產品銷售獲利；而有的系統特許入主要通過特許權使用費獲利。

特許權使用費通常有三種收取方式：一是定額制，即按月、季度或年度收取固定的費用；二是比例制，即按照營業收入、毛利額或其他計算標準收取一定比例的費用；三是定額和比例制相結合，即在收取定額費用的基礎上，再按照一定比例收取費用。此外，也有的系統主要銷售特許人製造的產品，特許人的目的在於建立穩定的銷售管道，擴大產品銷售，以獲取產品銷售的正常利潤為目標，不收取特許權使用費或只收取很低的費用，例如汽車銷售的專賣店。

不同的方式各有利弊，應根據連鎖加盟系統的不同情況合理確定。定額制簡單明確，但收取標準一般不能過高，標準過高不易被加盟商接受，因而總部可以獲得的收入一般較少。比例制易於為加盟商接受，總部也可以獲得較理想的收入，但對於某些系統，監控加盟店的收入會出現困難。總體而言，採用比例制的連鎖加盟系統更為普遍。

對區域連鎖加盟而言，需要考慮的是，分部向總部交納特許權使用費是否與分部向加盟店收取的特許權使用費相聯繫；如果將二者聯繫在一起，分部如何向總部交納特許權使用費；如果加盟店未向分部交納，分部是否應當代替加盟店向總部交納，等等。正常情況下，多數的系統都是對分部向加盟商收取的特許權使用費採用分成的辦法，由總部和分部合理分配向加盟店收取的特許權使用費。

系統獲取連鎖加盟費用的主要對象和根本途徑，是加盟店，只有建立起足夠數量的加盟店，系統才能維持正常的運行，系統才能實現盈利目標。連鎖加盟費用主要也是指針對加盟店的收取標準。在區域連鎖加盟合約中，一般都對分部收取加盟店連鎖加盟費用的標準作出規定，或在規定收費標準的同時，同時規定總部有權隨時進行一定範圍內的調整。

對加盟店收取加盟費，應當以總部和分部幫助加盟店建立時的成本為依據，結合其他情況制定。關於特許權使用費的有關問題，前面已經分析過，在具體對加盟店收取連鎖加盟費用時，如果是按照比例制收取特許權使用費，應當明確核算的基準和收取的比例，並對核算的口徑作出具體的界定。

核算的基準主要包括兩種，一是以收入作為基準，包括營業收入、銷售額等；二是以利潤作為基準，包括稅前利潤、稅後利潤等。不同的基準，其區別是很大的。如果產品的市場價格和銷售收入都較為穩定，以收入或利潤作為核算基準是基本相同的；如果產品銷售價格與銷售收入不穩定，那麼以收入或利潤作為核算基準就會導致完全不同的結果。在銷售收入減少的情況下，加盟店可能沒有利潤；銷售收入雖然沒有變化，但由於銷售價格的降低，利潤將隨之下降，甚至發生虧損。

因此，如何選定核算的基準，並不是一個簡單的問題，需要總部權衡各方面因素，通盤考慮。以利潤作為核算基準，更能體現特許人實現「雙贏」的目標和意圖，更受加盟商的歡迎，但是，其核算與監管工作要複雜一些，包括對加盟商的成本控制都必須制定具體的標準和規則。

核算基準確定後，合約還必須明確核算的口徑。連鎖加盟合約規定的核算口徑與會計準則的核算口徑並不一定相同，這一方面是總部為了便於核算或監督，通常會作出一些與會計準則不一致的規定；另一方面與連鎖加盟系統的情況也有一定的關係，例如，有的系統在銷售連鎖加盟的產品時，也允許銷售其他產品，那麼連鎖加盟合約所指的銷售額一般僅限於連鎖加盟範圍內產品的銷售額，而不包括銷售其他產品的銷售額。

56

連鎖加盟的加盟商條件

每一個不同的系統的加盟店，其所需的投資、經營難度等都是不同的。總部作為該行業的經驗者，十分清楚系統對加盟商的素質的要求。對加盟商作出一定的條件限制是非常必要的，急功近利，不加選擇地招募加盟商，是連鎖加盟系統發展初期的一個通病，至少目前在中國是如此。多數企業在招募加盟商時，往往只看你有沒有足夠的資金可用於投資，其他條件一概不問。

只追求數量不求品質的招募加盟商，其後果是非常嚴重的，因經營不善而倒閉的加盟店數量不在少數，有的也只能勉強維持。企業應當知道，有好的項目，沒有好的經營者，其成功的可能性將大打折扣，更不用指望他們能夠創造性開拓市場。曾經風光一時的某些知名名牌加盟店，現在也已經是日薄西山，除市場變化及總部的因素之外，加盟商的素質不高、條件過低也是重要原因。在市場情況較好的時候，守株待兔也能掙錢，一旦市場情況稍有變化，就會束手無策。

任何一個加盟店的經營管理，都需要加盟商具備相應的綜合條件。加盟商大多是個人，即使是企業也往往是家族企業，因此對其要求是基本相同的。這些條件歸納起來主要是三個方面：

一是個人資格，主要是指其年齡結構、文化程度等反映個人素質的條件。不同行業對年齡和文化的要求往往差距很大，年齡和文化在一定程度上也反映了一個人的基本素質。

二是從業經驗，主要是其從事相關行業的經歷及有無不良記錄。一些行業對經驗的要求較高，沒有相應時間的從業經驗而從頭開始是很困難的。不良記錄在一定和程度上反映了其經營管理能力的欠缺，同時也對連鎖加盟品牌的形象多少會帶來一些影響。

三是經營理念，即加盟商個人對系統的經營理念是否認同。所謂「道不同不相為謀」，志同道合更有利於事業的發展。

四是資金實力，即加盟商具有足夠的個人資產用於連鎖加盟的投資。但是，其個人資產如果過多，也會有其消極的一面，他們可能對加盟店的成敗不是特別重視，也可能因此而缺乏勤勉敬業的精神。

系統對加盟商的選擇問題如果認識不足，把短期的數量擴張放在了首位，而放鬆了對加盟商的條件限制與考察，其結果是加盟店不能很好地經營業務，也未能起到相應的示範作用，品牌形象受到損害，系統發展舉步維艱。

麥當勞經過多年的區域性直營方式的發展，在選擇中國第一位單店加盟商時，從 1000 多位申請者中，經過系統的綜合評估，選擇了受過高等教育，有加拿大海外留學背景的一位年輕、漂亮的女性。麥當勞如此精心地「千里挑一」選擇加盟商，通過媒體的廣泛報導，本身就是一次非常成功的企業公關活動，進一步鞏固了麥當勞的品牌形象。

總部收到後，應作出決定。經審查合格，總部將簽署《商標許可使用協定》並送達分部，分加盟合約自總部簽署《商標許可使用協定》時生效。如有任何細節不符合總部規定，總部將不予簽署《商標許可使用協議》，分加盟合約不生效。

總部除根據《商標許可使用協定》對加盟商承擔直接責任之外，總部對分部與加盟商之間簽訂的《連鎖加盟合約》的審查，並不表示總部與加盟商之間存在直接的連鎖加盟合約關係，總部不對加盟商承擔任何直接責任。

心得欄 ------------------------------

57

簽訂店鋪租賃合約的注意事項

林女士打工多年，一直從事飾品加工行業。由於對飾品的生產流程及銷售管道較為瞭解，便萌生了自己開店經營的念頭。2008 年 6 月 8 日，她在吉祥街市場附近看到一家飾品店掛出了「店面低價急轉」的牌子，便進店詢問。店主徐某表示店面租期還剩半年多，因為自己有急事要回老家，所以想儘快轉讓店面。林女士要求徐某找房東出面證實。徐某給了她一個手機號碼，說該號碼的主人就是房東。隨後，林女士給「房東」打了個電話。「房東」稱自己在外地出差，轉租費直接支付給徐某就行了。

於是，林女士就與徐某進行商談，雙方談好轉租費為 6 萬元，林女士當場付了錢。「我店裏還有價值 2 萬多元的飾品，1 萬元賣給你，要不要？」徐某問。考慮到手頭資金緊張，林女士查看飾品後同意了徐某的要求。只花 7 萬元錢就擁有了自己的飾品店。這讓林女士心情特別好。

沒等幾天，她正哼著小曲坐在櫃檯前整理東西時，店裏來了一位不速之客。「我是房東，這間店面已經到期了，請你三天內將店面騰空，我已經將店面出租給別人了，」來人說。

「這怎麼可能？這店面是我剛租下的，前些天，我還打電話問過你呢。」林女士困惑不已。

「我沒接到任何電話，你可能被人騙了吧？」來人向她出示了房產證明，這時林女士才知道自己先前遇上的是假房東。

據房東介紹，徐某與林女士之間的轉租協議他並不知情，但他和徐某曾簽過合約，店鋪於 2008 年 6 月 15 日租賃到期，所以他早把店面又租給了趙先生，並收了趙先生的租金。「這樣吧，趙先生經營的也是飾品店，我幫你聯繫一下他，看他願不願意收店裏剩下的飾品，」房東說。

最終，趙先生以 9000 元的價格收下了飾品，稍稍彌補了林女士的損失。

這個案例說明，「盤店」前一定要查看對方的有效證件，光電話「求證」身份是要不得的，應向店主仔細詢問轉讓店面的各個方面的情況。

在簽訂租房合約時，你要注意以下幾個方面的問題：

⑴房屋面積是否確實。

⑵核實出租方是否為真正的房屋擁有者。

⑶註明租房的起止日期和款項的具體繳納辦法。

⑷要在出租方的各種物品交接清單上簽字。

⑸註明押金數目。

⑹在合約上註明租金以外的其他一切費用由那一方交或以什麼比例分攤。

⑺註明因天災及不可抗拒的因素造成的損害以及合約的中止等情況不需由承租方負責。

另外，需要說明的是，建議簽訂店鋪租賃合約應在簽訂連鎖加盟合約之後。也就是說，先把連鎖總部定下來，再確定店鋪。但是，二者之間的時間也不要間隔太長。

心得欄

58

連鎖加盟的培訓

在區域連鎖加盟的情形下，分部作為本區域內的「特許人」，毫無疑問應當承擔對加盟店培訓與支持的責任。培訓與支持是分部對加盟店承擔的主要義務，是加盟店成功經營的重要保障。一般情況下，分部應當建立相應的組織機構，承擔對加盟店的培訓與支持職能。但是，總部也可能會保留一些職能由自已親自完成，分擔分部的職責，包括諸如對加盟商的培訓工作等。

對加盟商(特許店)提供的培訓與支援，除下列幾項由總部進行之外，均由分部承擔：對加盟店經理的初始培訓；向加盟店提供由總部編緝的有關連鎖加盟系統的資訊簡報。

進行職責分工的原因是多種多樣的，可能是由於分部無力勝任部份工作，如由總部專家才能完成的高難度的工作；或者由分部履行將導致過高的成本，分部無需建立相應機構，如麥當勞學校統一對加盟商進行培訓，各分部如果組建一所學校，僅從成本上考慮就難以實現；或者是專屬於總部的職能，如總部編輯出版、的資訊簡報之類的資料。

由總部親自承擔對加盟商的部份職能，能夠更好地密切總部與加盟商之間的關係，使加盟商親身感受到來自總部的力量，增強系統的凝聚力，增強加盟商對系統信任感與集體榮譽感，更好地建立起總部與加盟商之間聯繫與溝通的管道，使總部及時地掌握分部在經營管理上存在的問題，監督分部改進經營管理。

在條件允許和必要時，總部應適當地承擔對加盟商的部份培訓與支援工作，將系統的分級管理與統一管理有機地結合起來，建立起分工明確、相互合作、共同發展的連鎖加盟系統，這是區域連鎖加盟的一種策略，也是總部的一種管理手段。總部採取「無為而治」的方法，完全由分部承擔對加盟商的職責，對大多數連鎖加盟系統來說都是不適當的。

心得欄 --

59

加盟合約的變動

特許經營關係的結束不外乎兩種可能性：中途結束和到期結束。而受許人退出特許經營的方式可能有：

⑴關閉。徹底關閉，清盤出局。

⑵退出。受許人退出現有特許經營體系，在原址改行營業，或在原業務的基礎上擺脫特許人獨立營業。

⑶轉讓。把特許加盟店轉賣給新的受許人。

⑷回購。特許總部從不願意繼續經營的受許人手中反向收購加盟店。

當受許人(即加盟者)的業務長期虧損或無盈利，而授權特許人又無法提出有效的解決方案時，受許人很可能會考慮退出特許體系。在做出退出特許體系的決定前，受許人應先對造成經營業績不佳的原因進行客觀、全面的分析，這些分析結果將是受許人採用何種方式退出特許加盟體系的決策依據。

1. 原因分析

導致特許經營業績不佳的原因綜合起來主要有以下幾個方面；

- 受許人經營管理不善，造成業績下降乃至銷售下降，長期虧損。
- 特許人所提供的支援不利或特許體系本身信譽降低，造成銷售下降，長期虧損。

· 不現實的期望，導致日後不能全身心投入；
· 特許人提供的關鍵產品供應出現問題；
· 資金不足：
· 特許人欺詐行為；
· 競爭加劇，而自身或所加入的特許單位應變能力不夠；
· 將營運資金不合理地用於營業外投入，造成經營資金不足；
· 對所從事的業務毫無興趣；
· 家庭破裂等造成的壓力，包括離婚或合作夥伴關係破裂等。
· 市場變化或其他不可抗力的影響。

2.責任劃分

在分析原因之後，受許人(加盟商)可以瞭解到造成虧損的原因，進而對合約進行仔細研究，找到合理的退出方案。一般來說，如果是因為特許人方面的原因導致提前解約，則特許人應承擔相應的責任，如果是因為受許人自己的原因導致提前解約，那麼受許人自己可能要承擔以下責任：

(1)承擔加盟費的損失；

(2)承擔軟體和硬體設備投資的損失；

(3)承擔處理庫存貨品造成的損失；

(4)結清與總部、供應商的財務往來關係；

(5)承擔客戶後續服務成本；

(6)承擔特許合約中約定的其他違約責任。

不同的特許合約其退出條款也各不相同。需提醒受許人，在簽訂特許合約時，這部份條款要特別注意，一定要在合約中對違約條款及違約責任予以明確界定，以免在解約時出現不必要的糾紛。

3.選擇退出的時機

有時候受許人離開一個系統是因為生意失敗或因為特許人限制了他們。譬如，抑制了他們的權利或者違背了經營合約的其他方面。但是有許多受許人——許多許多——離開這個職業是因為他們自己想要這麼做，並非不得不這樣做。也許是因為你的經營閃電般地迅速發展起來，而你需要這筆錢另有它用。也許是因為你的妻子或丈夫有一項重大的任務需要出國，而你想和她或他同行。也許你突然想從事一項新的事業(或許甚至是想成為一個特許人)，或者這是你退休前的最後一次傑作。或者也許是你已經厭倦了吵吵嚷嚷的環境，聽了太多顧客的抱怨，或者多次地頂撞了你的經銷商，不管事情怎樣發展，最後的結局未必如它先前預兆的那樣，它可能會是一個嶄新的世界的開始。

既然你已經決定了退出現在的體系，下一個問題就只是如何選擇退出的時間和方式了。退出時機有好有壞，這取決於內外兩種因素。內因是指受許人自己。把自己放在顯微鏡下好好檢查，看看為什麼自己想離開和什麼時候離開最合適。如果不是那樣確定，受許人可以挽回局面嗎？也許受許人只需要一個長假休息充電，還是受許人覺得已無法回頭？受許人可能覺得越早越好，趕在風言風語影響受許人店鋪價值之前脫手——壞名聲總比好名聲傳得快。

4.選擇退出的方式

如果受許人出於經營效益或者個人目標方面的考慮，在特許經營合約期內退出現有特許經營體系，那麼他退出體系之後的商業行為，相對於原來的特許事業來說，可能有下列四種情況：

⑴既改行又改址。這將導致加盟店的回購、轉讓或關閉。

⑵只改行不改址。即在原址改行經營與原有特許業務毫不相干的其他類型業務。

⑶不改行只改址。即變更經營地址，擺脫特許人繼續經營原有業務。

⑷不改行不改址。受許人在原有店址、原有業務的基礎上擺脫特許人獨立營業。

無論合約期滿還是中途解約，特許合約一旦終止，加盟店就失去了公司商標和經營技術資產的使用權。必須自行撤除公司招牌，從建築物和其他設備、用品上消除公司商標、服務標誌和特定名稱等一切營業象徵，確保不侵害特許人權益，不誤導消費者。

許多特許經營合約規定，在特許合約因任何原因終止或到期的情況下：

①受許人應立即停止開展業務並停止對特許人知識產權的使用，並根據特許人的要求簽署終止知識產權使用權的確認書；

②受許人應銷毀一切為業務而使用的標識及特許系統的文件和印刷品。

③受許人應將下列資料歸還特許人：

· 業務中使用的所有樣品和所有的公共宣傳和廣告資料；
· 以任何形式包括或涵蓋全部或部份知識產權的所有文件和信息的原件及影本；
· 受許人應向特許人轉交向受許人尋求或要求業務服務的所有申請人的名單；
· 受許人應將所有客戶名單及其姓名、位址和在特許合約有效期內與客戶簽訂的協定的詳細內容和受許人在此期間內發展的客戶的詳細情況提交給特許人；

· 受許人應簽署並向特許人送達所有為終止合約所必需的契約、證書、表格和文件。

受許人退出特許經營體系後，不得在原合約內所規定的地區執行下列：

· 直接或間接地、獨立地或作為一僱員，代表他自己或者使用任何其他人的名義，進行具有類似性質的任何商業活動，從而按本合約所述條款銷售產品(提供服務)。此條款內容在合約終止後繼續適用一年。

· 給予金融援助或投資於一家競爭者公司，而此類援助或投資使他能對公司的活動產生任何影響。

如果受許人不遵守上述規定的義務，他應依法向特許人支付合約賠償金，且無須任何事先通知。

從合約內容我們不難看出，特許人在特許關係建立之初，就對受許人的退出作了較週密的風險防範。作為受許人，最重要的是在簽訂特許合約時就要有所把握，不能讓退出條件過於苛刻，作繭自縛，自斷退路。當然，最好的局面是雙方能在遵守法律法規、尊重行業慣例、自律和尊重對方的基礎上進行善始善終的合作，讓一段特許經營關係有一個良好的開端，也有一個皆大歡喜的結局。

5. 特許加盟店的轉讓

精明的生意人講究「走一步看三步」。同樣的道理，受許人自進入特許經營的那天開始，就要考慮到諸多原因可能導致特許關係的中止，以及合約到期時怎樣處置自己的加盟店。甚至有些受許人在最初就制定他們的退出預案。他們制定個人商業計劃，策劃自己退出的時間和方式：這樣就能保證他們在特許業務轉讓之前，可以繼續一隻腳穩站在特許店中，另一隻腳慢慢挪出門外。

在目標日期前幾年就開始準備是明智的。受許人想採取步驟以提高店鋪價值，而這需要時間。受許人還需調查選擇合適的銷售管道。一旦受許人要出售特許權，要麼立刻就被別人買走，要麼就是幾個星期、幾個月甚至幾年。受許人還得在其中加上另一個因素；特許人，他在成交以前對有些問題有發言權。受許人當然不必過分去逢迎潛在的接班人，但受許人仍希望當新來的接班人站在歡迎光臨的墊子上時，店鋪看上去仍然在最佳狀況。

心得欄

60

連鎖總部的轉讓合約

依照法律訂立的特許經營合約，自成立之日起生效。法律、行政法規規定特許經營合約應辦理批准手續，或者辦理批准、登記手續才生效。

在簽訂特許經營合約時，如果雙方當事人不具有相應的民事行為能力或意思表示不真實或者違反了法律法規的強制性規定和社會公眾利益，那麼，這樣的特許經營合約就不具有法律效力。根據不同的情形，特許經營合約的效力分為以下情況。

1. 無效特許經營合約

所謂無效特許經營合約，是指嚴重欠缺特許經營合約的生效要件，在法律上確定的、完全不發生法律效力的特許經營合約。

2. 可撤銷的特許經營合約

可撤銷的特許經營合約，又稱為可撤銷、可變更的特許經營合約，是指當事人在訂立合約時，因意思表示不真實，法律允許撤銷權人透過行使撤銷權而使已經生效的特許經營合約歸於無效。

3. 效力待定的特許經營合約

效力待定的特許經營合約是指合約雖然已經成立，但因並不完全符合有關合約生效要件的規定，因此其效力能否發生，尚未確定，一般須經有權人追認才能生效。根據合約法的規定，包括以下情形：限制民事行為能力人訂立的合約；行為人無權代理訂立的合約；沒有處分權的行為人訂立的合約。

兩種特殊情形不屬於效力待定合約：一為表見代理，二為表見代表。

連鎖總部可以將本合約轉讓給第三人，而無需在轉讓時經分部同意。

總部轉讓加盟合約時，應當規定的合約生效期限。在轉讓合約簽訂後，總部應當立即將轉讓決定及由受許人按照本合約資訊披露的規定製作的資訊披露文件書面通知分部，總部與受讓人對披露的資訊承擔連帶責任。

如果受讓人明顯不具備履行本合約的能力，分部有權在轉讓行為未生效前，按照本合約規定的仲裁條款申請撤銷轉讓，轉讓協議在未裁決前暫時中止執行。該項權利僅限於最先提起仲裁的分部行使，不得重覆申請仲裁。

合約法規定，合約轉讓必須經對方當事人同意，因此，特許人轉讓連鎖加盟合約，即將連鎖加盟系統整體轉讓給第三人時，也必須遵守該規定。但是，連鎖加盟合約轉讓時的特別之處在於，與特許人簽訂連鎖加盟合約的受許人往往是多個主體，特許人轉讓合約時，意味著將系統一併轉讓，也就是同時轉讓所有的連鎖加盟合約。按照合約法的規定，特許人需徵得所有連鎖加盟合約的受許人的同意，方可轉讓。

可以預見，一個轉讓方案要同時徵求所有受許人的意見，要向所有的受許人解釋轉讓的原因和理由，要與所有的受許人進行談判，並要徵得所有受許人的同意，而且協商結果還必須保持一致，操作起來非常困難，除非總部的轉讓明顯有利於系統的發展，往往是很難做到的。如果連鎖加盟合約事先沒有考慮到這一情況，特許人要轉讓系統時，即使是轉讓給比總部更為強勢的企業。都將會發生很難跨越的法律障礙，甚至不排除受許人借此機會進行要脅，以此牟取不正當利益的可能性。

雖然特許人轉讓系統的情形很少發生，但任何系統都不能排除轉讓合約的可能性。特許人轉讓系統的原因很多，不僅在特許人希望退出系統的經營時可能發生轉讓；系統競爭力下降、發展受阻時，需要轉讓給有實力的企業注入活力、系統經營不善需要併入其他系統以及其他的一些原因，都可能導致總部轉讓系統情形的發生。

由於連鎖加盟合約的「系統」特徵，必須尋求解決特許人轉讓系統時的法律障礙的辦法。較為有利的選擇只有一個：在連鎖加盟合約中規定一個「預先同意條款」，即受許人同意特許人可以隨時轉讓連鎖加盟合約，而無需在轉讓時再徵得受許人的同意。除此之外，沒有任何更好的方法，那就只有在轉讓時由受許人同意，難免看受許人的臉色了。

如此規定，有可能在特許人轉讓合約時造成對受許人的不利，增加受許人承擔的風險。對受許人不公平的結果是受讓人不具備作為特許人的能力，從而使系統陷入經營困境。為此，有必要對「預先同意條款」規定一些限制條件，對特許人予以一定的制約，對特許人轉讓連鎖加盟合約的條件作出規定。不過，對特許人轉讓特許人合約的制約，對受讓人的經營能力，不太容易規定一些具體的條件。

在對特許人轉讓合約的條件不作出具體的限制時，可以通過賦予受許人獲得司法救濟的權利和機會，由仲裁機構或法院對連鎖加盟合約的受讓人是否具備相應的經營能力、合約轉讓是否損害受許人的利益作出判斷。

如果合約轉讓將導致受許人的利益受到損害，受讓人不具備作為總部的相應能力，受許人將能夠通過司法救濟的方式獲得保護。有必要對受許人尋求司法救濟的權利予以限制，所有受許人只能就轉讓事實提起一次訴訟、行使一次權利，不得重覆，避免浪費時間精力、司法資源，增加訴訟成本。

為了維護受許人的權利，特許人及受讓人均應承擔資訊披露的義務，將轉讓合約的事實和受讓的有關情況及時通報受許人，保證受許人的知情權。特許人及受讓人應對披露的資訊承擔責任，防止特許人與受讓人串通，以虛假資訊欺騙受許人。

「預先同意條款」是基於連鎖加盟合約的特點而規定的，目的是為了保護總部合法的合約轉讓權利，符合合約法的立法精神和基本原則，且並不違反合約法要求合約轉讓時經對方同意的規定，應當受到法律的保護。

61

連鎖加盟合約終止的情形

連鎖加盟合約一般都是長期合約，之所以簽訂長期合約，一方面是基於特許人對系統現在和未來發展的信心及企業發展戰略所作出的規劃，特許人相信自己有能力領導系統參與市場競爭，謀求長遠的發展；另一方面是基於連鎖加盟的客觀要求，必須以長期合約作為系統發展的基礎，作為傳授商業訣竅的交易條件，以此建立持續穩定的銷售網路，保障系統的健康發展。

但未來的市場發展在很大程度是不可預知的，系統能否在激烈的市場競爭中長期保持優勢，維持系統的長期發展，除特許人不斷地努力與正確的經營戰略決策，以及網路成員的共同努力之外，還有很多不可預知的因素，包括科技進步、競爭格局、國家政策，等等，它們都有可能改變系統的市場環境與競爭優勢，使連鎖加盟合約無法繼續履行；戰爭與自然災害等不可抗力的破壞也會導致連鎖加盟合約的意外終止。

本合約除因下列情形而終止之外，總部或分部均不得擅自終止合約的履行：不可抗力；合約期限屆滿；總部與分部協商終止；一方宣告破產或宣告解散；多數特許店連續兩年發生經營虧損；法院、政府行政決定要求分部終止營業；因一方違約行為而被仲裁機構裁決解除本合約；用於連鎖加盟的主要資產被法院強制執行而不能繼續履行合約的。

合約終止的情形發生後，要求終止合約的一方應當與對方協商一致，方可終止合約。未能協商一致的，應當按照本合約規定申請仲裁，由仲裁機構作出裁決。

歸納起來，連鎖加盟合約除期限屆滿而終止以外，還可能因為不可抗力、違約行為以及市場變化等因素而在合約期限屆滿前終止。考慮到連鎖加盟合約涉及到多方面的關係和利益，無論在什麼情況下終止合約，連鎖加盟合約的終止都應當有序地進行，按照一定的條件和程序終止合約，作好合約終止後的善後工作，禁止一方違反規定的程序終止合約。隨意終止合約的履行，不僅可能對系統的形象產生不良影響，還可能對其他當事人造成嚴重損害。特許人應當結合系統情況，採取必要的措施，制止隨意終止合約情形的發生。

如果總部或分部要求終止合約，應當協商一致，對有關問題作出妥善安置；未能協商一致的，可以要求必須通過合約規定的爭議解決方式(仲裁或訴訟)來行使終止合約的權利，保證合約終止能夠平穩地按照程序進行，避免因此而造成的不良後果。

連鎖加盟合約關係到受許人的投資利益，區域連鎖加盟合約更關係到網路成員的集體利益，總部解除合約的權利應當是有限的，解除條件必須明確具體，在行使解除權時更應慎重對待。

一些企業制定的連鎖加盟合約，對合約的解除條件不作具體規定，而是籠統地規定受許人違反連鎖加盟合約的，特許人有權解除合約。在雙方的長期合作中，受許人不違反合約幾乎是不可能的。而在受許人違反合約後，特許人一般也並未行使合約解除權，其結果是：特許人的合約解除權成為懸在受許人頭上的一把利劍，隨時可能落下。一些特許人希望擁有這樣的權利，掌握對受許人的絕對控制權，可是，應當認識到，這樣的規定一方面不符合合約法，另一方面也不符合連鎖加盟系統的要求。

《合約法》規定：「當事人可以約定一方解除合約的條件。解除合約的條件成就時，解除權人可以解除合約。」《合約法》雖然未對「解除條件」作出具體的限制，但不能因此認為合約的解除條件可以任意約定，由於微不足道的過錯也可以解除合約。《合約法》的有關規定體現了《合約法》對約定解除條件的立法精神，「維護社會經濟秩序」是《合約法》的根本宗旨，如果合約約定的解除過於寬泛，不利於維護正常的交易秩序，將違背合約法的宗旨。參照《合約法》第九十四條規定的法定解除條件，即：「在履行期限屆滿之前，當事人一方明確表示或者以自己的行為表明不履行主要債務；當事人一方遲延履行主要債務，經催告後在合理期限內仍未履行；當事人一方遲延履行債務或者有其他違約行為致使不能實現合約目的」的規定，衡量是否構成合約解除條件的標準是，是否影響合約目的實現，只有影響到合約目的實現的，方可構成法定解除的條件。約定解除條件雖然與法定解除是兩個不同的概念，但《合約法》的立法宗旨是一樣的，都應當符合「維護社會經濟秩序」的要求，如果約定的解除條件不具體而過於寬泛，可能被視為沒有約定。

從另一方面來看，由於合約只簡單地規定「違反本合約規定時可以解除合約」，而不是有針對性地根據違約性質、情節等規定相適應的違約責任，一旦違約行為發生時，特許人要麼只能解除合約，但往往又未達到解除合約的嚴重程度；要麼只能束手無策，不能進行適當地處罰，使特許人陷入進退兩難的境地。從連鎖加盟系統管理的角度而言，也是管理功能的嚴重缺位。

連鎖加盟合約規定總部的合約解除權時應當根據合約法的規定，結合系統的實際情況，即分部可能發生的影響合約目的實現的違約行為，合理地規定特許人的合約解除權。

在履行連鎖加盟合約中，受許人承擔的義務是非常全面的。不能籠統地將所有的違約行為均直接作為違約解除的條件。根據受許人違約行為的情節與性質等，可以作出兩種安排：一種是可以直接解除合約的違約行為，限於受許人的重大違約行為；另一種是對受許人輕微的違約行為，不直接作為解除合約的條件，但在屢次違約時或者特許人給予改正機會後仍拒不改正違約行為時，可以認為是特許人的正當要求不能得到滿足，視為影響合約目的的實現，作為總部可以解除合約的條件。

受許人通過本合約獲得的連鎖加盟權，屬於其財產權範疇，享有使用權與收益權。在持續履行合約的過程中，如果受許人因無力償還債務而被宣告破產或強制執行時，連鎖加盟權能否作為破產財產分配或強制執行的對象？即第三人可否通過合約以外的程序獲得連鎖加盟權，繼續受許人的營業？

從特許人的角度來講，一般是不願意其連鎖加盟權被當作破產財產或強制執行的對象的，因為連鎖加盟權的轉移如果超出特許人的控制範圍，很可能導致第三人不能滿足特許人的要求，甚至因此而導致連鎖加盟權落入競爭對手的手中。

連鎖加盟合約對受許人轉讓合約以及股權的變動已經作出了限制性的規定，但這只是針對受許人的要求，即限制受許人實施股權變動的行為。如果這種情形的發生並非受許人的意願，而是司法機關的強制執行，就目前而言，法律並未作出限制性的規定，是完全可行的，特許人有必要按照自己的願望在合約中作出明確的限制性的規定。

這種情形是可能發生的，例如連鎖加盟只是受許人經營範圍內的部份業務或者獨立的子公司，在其他項目嚴重虧損，連鎖加盟業務雖然正常經營，但卻無法彌補虧損時，將出現受許人宣告破產但連鎖加盟業務仍然繼續經營的情形。此時，連鎖加盟業務範圍內的財產或者經營連鎖加盟的子公司，將作為受許人的財產或財產權納入破產財產的清算範圍。

在執行時，如果執行連鎖加盟業務範圍內的實際財產，價值可能不大，但如果將連鎖加盟業務作為一項財產權整體執行或將子公司的股權作為執行對象，繼續履行連鎖加盟合約，其財產價值將得到提升，連鎖加盟權將被視為受許人的財產權利進行清算或強制執行，而受讓該連鎖加盟權的的當事人並不一定能夠滿足特許人的要求，甚至為競爭對手所擁有。

如果特許人不願這種情況發生，應當對此作出規定。特許人無權阻止強制執行，但可以通過合約規定的解除權，防止此類情況發生。特許人有權根據本合約的規定，選擇符合條件的受讓人，而不至於陷入被動之中。

62

加盟合約的解除條件

一、經營合約的解除條件

有三種方式的解除合約，如下：

1. 協議解除

協議解除是用一個新合約來解除原訂的合約，與解除權無關。協議解除是採取合約的形式，因此它要具備合約的有效要件：當事人有相應的行為能力，意思表示真實，內容不違反強行性規範和社會公共利益，要採取適當的形式。

2. 約定解除

約定解除的條件是當事人雙方在合約中約定的或在其後另訂的合約中約定的解除權產生的條件。只要不違反法律的強行性規定，當事人可以約定任何會產生解除權的條件。

3. 法定解除

⑴因不可抗力致使不能實現合約目的。

⑵在履行期限屆滿之前，當事人一方明確表示或者以自己的行為表明不履行主要債務。

⑶當事人一方遲延履行主要債務，經催告後在合理期限內仍未履行。

⑷當事人一方遲延履行債務或者有其他違約行為致使不能實現合約目的。

⑸法律規定的其他情形。

二、合約解除的程序

解除權的行使必須及時。法律規定或者當事人約定解除權的行使期限，期限屆滿當事人不行使的，該權利消滅。法律沒有規定或者當事人沒有約定解除權行使期限，經對方催告後在合理期限內不行使的，該權利消滅。所以，享有解除權的當事人必須及時行使解除權。

解除合約必須通知對方當事人。當事人一方主張解除合約的，應當通知對方。合約自通知到達對方時解除。對方有異議的，可以請求法院或仲裁機構確認解除合約的效力。

法律、行政法規規定解除合約應當辦理批准、登記等手續的，依照其規定。

合約解除後，尚未履行的，終止履行；已經履行的，根據履行情況和合約性質，當事人可以要求恢復原狀、採取其他補救措施，並有權要求賠償損失。

63

連鎖加盟合約解釋

儘管連鎖加盟合約已經作出了詳細的規定，但由於其複雜性，仍然難以保證合約條款的週密，無法避免合約的疏漏之處。國家立法尚且如此，何況一份合約更不例外。

連鎖加盟合約未盡事宜或條款內容不明確，總部可以根據本合約的原則、合約的目的、交易習慣及關聯條款的內容，按照通常理解對本合約作出合理解釋。總部作出的解釋具有約束力，除非解釋與法律或本合約相抵觸。

在很多情況下，都需要通過對合約進行解釋的方式正確適用合約條款的內容，包括：合約內容不明確，合約未盡事宜，合約的原則性規定，等等。在這種情況下，由特許人對合約作出合理的解釋並賦予其效力，並無不妥，符合連鎖加盟系統的要求和網路成員的整體利益。如果按照通常的方法，由合約雙方協商確定，那麼特許人要想與眾多的受許人協商達成一致意見，顯然是行不通的。依靠合約解釋條款，可以及時完善合約條款的具體內容，彌補合約的疏漏之處，減少爭議的發生。

合約的解釋應當符合合約法的規定。《合約法》規定：「對格式條款的理解發生爭議的，應當按通常理解予以解釋。」「當事人對合約條款的理解有爭議的，應當按照合約所使用的詞句、合約的有關條款、合約的目的、交易習慣以及誠實信用原則，確定該條款的真實意思。」

如果特許人能夠本著正確的理解去行使合約解釋權，對連鎖加盟系統是有益的；反過來說，如果特許人曲解合約條款的內容，借此損害受許人的利益，受許人仍然可以通過法律手段尋求救濟，達到制約特許人的目的。

心得欄

64

雙方若違約的責任

違約責任是合約當事人不履行合約義務或履行合約義務不符合合約約定而應承擔的否定性法律後果。其具有下列特徵：

(1)違約責任的產生以合約當事人不履行合約義務為條件

違約責任是當事人違反合約義務而產生的責任，因此如果當事人違反的是其他法律義務，則應承擔其他責任，而不是違約責任。

(2)違約責任的相對性

因為合約關係的相對性，違約責任也有相對性，即違約責任只能在合約關係的特定當事人之間產生，對合約關係當事人以外的第三人不負違約責任。

(3)違約責任主要具有補償性

即違約責任旨在彌補或補償因違約給對方造成的損害。

(4)違約責任可由當事人約定

違約責任具有一定強制性，但仍有一定任意性，雙方當事人可以約定，如違約金、損害賠償數額計算方法等。

(5)違約責任是民事責任的一種形式

民事責任包括違約責任和侵權責任二種，違約責任是民事責任之一種，是民事財產責任。

違約責任可以劃分為根本違約和非根本違約。根本違約是指一方違約致使實際剝奪了另一方根據合約規定有權期待的利益。非根本違約是指一方違約並沒有剝奪了另一方根據合約規定有權期待的利益，合約目的仍可實現。根本違約時，另一方有權要求解除合約，而非根本違約時，另一方可以要求對方承擔違約責任，一般不得解除合約。

連鎖加盟合約一般應當分別就根本性違約和非根本性違約承擔的違約作出規定。當事人承擔違約的主要方式就是違約賠償金。違約賠償金是承擔違約責任的主要方式，違約賠償金的標準應當具體約定，可以約定一方違約時應當根據違約情況向對方支付一定數額的違約金，也可以約定因違約產生的損失賠償額的計算方法。約定違約金也不是毫無限制的，約定的違約金低於造成的損失的，當事人可以請求法院或者仲裁機構予以增加；約定的違約金過分高於造成的損失的，當事人可以請求人民法院或者仲裁機構予以適當減少。

連鎖加盟合約對解除合約的違約賠償的約定應當符合合約法的規定。合約法規定，損失賠償額應當相當於因違約所造成的損失，包括合約履行後可以獲得的利益，但不得超過違反合約一方訂立合約時預見到或者應當預見到的因違反合約可能造成的損失。損失包括：積極損失，即現有財產的滅失、損壞和費用的支出；消極損失即可得利益的損失，因違約而使受害人喪失了合約履行後可以獲得的利益。合約約定的違約金應當符合上述規定。

逾期付款的違約責任，一般均規定以滯納金的形式承擔違約責任，但滯納金的標準也不是無限制的。在司法實踐中，合約約定的滯納金的標準高低差別很大，有的高達每天1%，甚至更高，往往引起爭議，甚至被撤銷。有關滯納金的標準，目前沒有相應的司法解釋規定。

連鎖加盟合約應當考慮到系統的實際情況，規定較為合理的滯納金標準，也可以針對不同類別的款項規定不同的標準，如特許權使用費等，由於金額相對較少，並體現了受許人對連鎖加盟合約的尊重，可以執行較高的滯納金標準；而對款額相對較多也易於發生逾期的貨款則規定一個較低的滯納金標準。

對非根本性的違約，特許人可以規定被特許人承擔一定違約賠償金，也稱為罰款。同時要求被特許人及時予以改進，以達到督導的目的。在規定的時間內未改進的，視為新的違約行為，並加重處罰。被特許人在履行連鎖加盟合約過程中不可避免地發生一些違約行為。對受許人一般的違約行為，則不宜採取解除合約的手段，而應給予其改正的機會，以教育為主，輔以適當地處罰措施。這也是符合合約法規定的，如果其違約行為並未影響合約目的的實現，不宜約定解除合約。

任何合約都有可能發生爭議，連鎖加盟合約也不例外，並且發生爭議的可能性更大。特許人應當制定更為完善的連鎖加盟合約，儘量避免爭議的發生。同時，應當制定完善的解決爭議的條款，使爭議的解決循著公平合理的原則及途徑得到及時妥善的解決，化解特許人與被特許人之間的矛盾，避免矛盾的激化。連鎖加盟合約解決爭議的條款一般包括以下內容：

協商是解決爭議的有效方式，並作為連鎖加盟系統內部的一項重要制度予以建立健全，形成一套完善的協商解決爭議的機制，包括協商的程序、協調爭議的機構等，使協商制度成為解決爭議的一種有效的方式和途徑。建立協商機制，可以充分發揮協商解決爭議的有效功能，避免合作夥伴之間的矛盾激化，維護系統的穩定和持續發展。

訴訟與仲裁是解決合約爭議的兩種不同的程序。對於解決連鎖加盟合約的爭議而言，選擇仲裁作為解決爭議的方式更為有利一些。仲裁的特點，更有利於保證爭議的及時公正處理；仲裁規則一般均規定當事人不得公開有關仲裁的情況，而且均實行不公開審理的方式，不僅有利於保護商業秘密，也可以防止爭議的公開對系統可能造成的不良影響；仲裁方式也有利於化解矛盾，解決爭議。但這也不是絕對的，需要根據情況而定。

仲裁程序也有不利的一面。仲裁機構沒有強制執行的權力，如果需要採取保全措施，則只能由仲裁機構向有管轄權的基層人民法院提出申請，並由法院裁定執行。尤其是對於有關侵犯知識產權的行為，在證據搜集等方面經常依賴於法院的強制權力，當事人自行取證的效果受到很大限制。而通過法院採取保全措施，在證據搜集以及時效性等方面更為有利。

除此之外，連鎖加盟合約還可以就訴訟費用的負擔、裁決的執行等相關問題作出規定。連鎖加盟的特點，要求雙方客觀地認識發生爭議的必然性及妥善解決爭議的重要性，認識到爭議是系統內部的矛盾，化解矛盾是雙方的根本目的。

65

雙方如何利用仲裁解決加盟糾紛

特許雙方難免會發生一些衝突，採用仲裁的方式解決衝突比較合適。仲裁實際是由雙方選擇的仲裁人進行的私下訴訟，它的優點在於整個程序是在私下進行的。為了節省時間和費用，雙方可以事先在合約中設定仲裁的規則，至於仲裁的時間可以根據當時發生衝突的情況而定。在這裏，選擇什麼樣的人做仲裁人十分重要，如果仲裁人選擇不當，作出的決定不公正或不客觀，會使雙方或其中一方不滿意，最後反而會擴大矛盾，以致雙方走向法院。

解決民事爭議共有兩種方式，一是仲裁，二是向法院起訴。仲裁是指爭議雙方在爭議發生前或爭議發生後達成協定，自願將爭議交給第三方做出裁決，雙方有義務執行的一種解決爭議的方法。

仲裁機構和法院不同。法院行使國家所賦予的審判權，向法院起訴不需要雙方當事人在訴訟前達成協定，只要一方當事人向有審判管轄權的法院起訴，經法院受理後，另一方必須應訴。仲裁機構通常是民間團體的性質，其受理案件的管轄權來自雙方協定，沒有協定就無權受理。

1. 仲裁的特點

⑴機構仲裁：根據《仲裁法》的規定，當事人訂立仲裁協議時，應當選定具體的仲裁委員會，對仲裁委員會沒有約定或者約定不明

確的，可以補充協定，達不成補充協定的，仲裁協定無效。

⑵仲裁和調解相結合。《仲裁法》明確規定，仲裁庭在做出裁決前，可以先行調解。當事人自願調解的，仲裁庭應當調解。調解不成，仲裁庭應及時做出裁決。調解達成協定的，仲裁庭應當製作調解書或者根據協定的結果製作裁決書。調解書與裁決書具有同等法律效力。

2.仲裁申請書

對於簽訂有仲裁協定的，雙方發生爭議但又不能自行協商解決時，任何一方當事人都可以向仲裁機構提出仲裁申請。仲裁申請書要說明：

⑴申訴人和被訴人的名稱與地址；

⑵案情經過；

⑶申訴人的要求和所根據的事實與證據。

下面對到法院起訴的流程做一個簡單的介紹。

⑴起訴：當事人書面或者口頭起訴。

⑵審查立案：法院對當事人的起訴，審查後決定是否立案。

⑶庭前準備，主要包括：

①送達書狀；

②告知權利義務以及合議庭成員；

③審核材料、收集證據；

④通知必要訴訟參與人參加訴訟；

⑤通知開庭並公告；

⑥查明當事人和其他訴訟參與人是否到庭；

⑦宣佈法庭紀律、告知權利義務、宣佈審判人員和書記員、詢

問迴避等。

⑷開庭審理：包括法庭調查、法庭辯論、徵求最後意見、調解四部份。其中，法庭調查包括當事人陳述、舉證質證兩部份，當事人可以提交新證據。

⑸裁判：包括當庭宣判和定期宣判兩種方式。當庭宣判應當在10日內發送判決書；定期宣判應立即發給判決書。

<連鎖加盟案例>

發現自己加盟的美容機構進行虛假宣傳，不具備連鎖經營的條件，並且未獲得特殊用途化妝品批准文號，陳女士將×××美業科技開發有限公司(以下簡稱×××公司)告上法庭。

法院一審判決陳女士與×××公司簽訂的連鎖加盟合約失效，×××公司返還陳女士加盟費10萬元、貨款28301.40元，陳女士交付全部設備和美容產品。

原告陳女士訴稱，2005年6月13日，原告與×××公司簽訂連鎖加盟合約，原告依約給付×××公司加盟費10萬元，並給付×××公司28301.40元購進美容產品。因開業第一個月未實現合約所約定的營業額，原告與×××公司簽訂補償協定，約定×××公司補償原告1.88萬元。原告發現×××公司進行虛假宣傳，並。有批准文號，起訴要求確認連鎖加盟合約無效，×××公司返還加盟費10萬元。退還購貨28301.40元，給付補償金1.88萬元。

被告×××公司辯稱並反訴稱，原告關於連鎖加盟合約無效的理由均不成立，被告方已按合約約定履行義務，不同意原告的訴訟請求。現提出反訴，因連鎖加盟合約約定原告應給付被告方加盟費 12 萬元，而原告只交付了 10 萬元，故要求原告給付加盟費 2 萬元；因原告擅自終止合約屬違約，故要求原告給付違約金 3.6 萬元。

經審理查明，2005 年 6 月 13 日，原告與×××公司簽訂連鎖加盟合約，約定原告加盟×××公司，加盟費 12 萬元，店型 C 級，店址十堰市，店鋪面積 121 平方米，員工人數 8 人，其中管理人員 1 人、美容顧問 1 人、美容師 6 人。合作期限自 2005 年 6 月 13 日至 2008 年 6 月 12 日，原告給付×××公司保證金 2 萬元，原告如在合約期內違反合約條款，保證金不退；如無違約，合約期滿後，若雙方不再續簽合約，×××公司退還保證金。×××公司確保供貨量，加盟店不得使用其他同類產品。違約金確定為 3.6 萬元，無論違約行為是否造成損害，違約方均有義務向守約方支付違約金。×××公司保證原告開業 10 日內營業額 2 萬元，如未達到×××公司給付原告差額部份。原告給付×××公司加盟費和保證金的方式為：簽訂合約時給付加盟費 8 萬元，簽訂合約之日起 30 日內給付加盟費 2 萬元，原告開業後 15 日內給付×××公司加盟費 2 萬元及保證金 2 萬元，否則合約無效。

合約訂立後，原告給付×××公司加盟費 10 萬元，並給付美容產品的貨款 28301.0 元。×××公司交付原告一批設備和美容產品。

2005 年 10 月 25 日，原告與×××公司簽訂協議書，確定原告的加盟店自2005年7月27日開業至2005年8月4日營業額為1200元，×××公司補償原告18800元。

本案審理過程中，原告提交從×××公司購買的化妝品，其中祛斑類特殊用途化妝品並無特殊用途化妝品批准文號。

法院審理認為，原告與×××公司簽訂的連鎖加盟合約中約定原告開業後15日內給付×××公司加盟費2萬元及保證金2萬元，否則合約無效，系雙方對合約效力的約定，故該連鎖加盟合約系附解除條件的合約，附解除條件的合約，自條件成就時失效，加盟店開業後，原告至今未給付×××公司其餘加盟費及保證金，故雙方所簽的連鎖加盟合約已經失效。合約失效後，×××公司應將其收取原告的加盟費退還原告。鑑於連鎖加盟合約失效，且×××公司供給原告的化妝品違反有關法律法規，×××公司應退還原告交付的購買化妝品的貨款，原告應退還×××公司化妝品。因雙方簽訂的合約失效，雙方所簽附屬協議書也沒有效力，故對原告依據2005年10月25日所簽協議書要求×××公司給付補償金的訴訟請求，法院不予支持。對×××公司根據失效的連鎖加盟合約要求原告給付加盟費和違約金的訴訟請求，法院也不予支持。最終，法院做出了上述判決。

據悉，×××公司在2008年1～9月，曾經因做虛假廣告、欺騙加盟商、產品三無等一系列違法行為，被多家媒體曝光。

66

店鋪租賃合約和店鋪轉讓協議書

店鋪租賃合約

出租方(以下簡稱甲方)：____________________

承租方(以下簡稱乙方)：____________________

根據《合約法》及有關規定，為明確甲方與乙方的權利義務關係，雙方在自願、平等、等價有償的原則下經過充分協商，特定立本合約。

第一條　租賃內容

一、甲方將位於______市_____區_____號門面租賃給乙方。甲方對所出租的房屋具有合法產權。

二、甲方租賃給乙方的房屋建築面積為_____平方米，使用面積為______平方米。甲方同意乙方將所租房屋作為經營用，其範圍以乙方營業執照為準。

三、甲方為乙方提供的房間內有消防設施及供配電等設備。上述設備的運行及維修費用，包含在租金之內，乙方不再另行付費。

第二條　租賃期限

四、租賃期_____年，自_____年____月____日起至____年____月

____日止。

第三條　租金及其他費用

五、合約有效年度租金共計為________元(台幣)。

六、每一個租賃年度按月計算。

七、電費按日常實際使用數(計量)收費，每月 10 日前交上月電費(甲方出示供電局收費發票)。其他費用經雙方協商補充於本條款內。

第四條　雙方的權利和義務

八、甲方

(一)甲方應保證所出租的房屋及設施完好並能夠正常使用，並負責年檢及日常維護保養、維修；凡遇到政府部門要求需對有關設施進行改造時，所有費用由甲方負責。

(二)對乙方所租賃的房屋裝修或改造時的方案進行監督和審查並及時提出意見。

(三)負責協調本地區各有關部門的關係，並為乙方辦理營業執照提供有效的房產證明及相關手續。

(四)甲方保證室內原有的電線、電纜滿足乙方正常營業使用，並經常檢查其完好性(乙方自設除外)，發現問題應及時向乙方通報。由於供電線路問題給乙方造成的損失，甲方應給予乙方全額賠償。

(五)在合約期內，甲方不得再次引進同類商戶。如違約應向乙方賠償__________元(台幣)損失費，並清除該商戶。

(六)甲方應保證出租房屋的消防設施符合行業規定，並向乙方提供管轄區防火部門出具的電、火檢合格證書影本。

(七)上述設備、設施出現問題甲方應及時修復或更換，如甲方不能及時實施，乙方有權代為修復或更換，費用(以發票為準)由房租中扣除。

九、乙方

(一)在國家法律、法規、政策允許的範圍內進行經營及辦公。

(二)合約有效期內，對所租賃的房屋及設施擁有合法使用權。

(三)按合約內容交納租金及其他費用。

第五條　付款方式及時間

十、乙方在簽訂合約時付給甲方______元台幣作為定金，在正式入住後5天內將第一月的租金______元台幣付給甲方。

十一、乙方從第二次付款開始，每次在本月前5天交付。

十二、乙方向甲方支付的各項費用可採用銀行轉賬、支票、匯票或現金等方式。

第六條　房屋裝修或改造

十三、乙方如需要對所租賃房屋進行裝修或改造時，必須先徵得甲方書面同意，改造的費用由乙方自負。在合約終止、解除租賃關係時，乙方裝修或改造與房屋有關的設施全部歸甲方所有(可移動設施除外)。

第七條　續租

十四、在本合約期滿後，乙方有優先續租權。

十五、乙方如需續租，應在租期屆滿前兩個月向甲方提出，並簽訂新的租賃合約。

第八條　其他

十六、甲方和乙方中任何一方法定代表人變更或企業遷址、合併，不影響本合約繼續履行。變更、合併後的一方即成為本合約當然執行人，並承擔本合約的內容之權利和義務。

十七、本合約的某項條款需要變更時，必須用書面方式進行確定，雙方訂立補充協議，接到函件方在10日內書面答覆對方，在10日內得不到答覆視同同意，最後達成補充協定。

十八、雙方各自辦理財產保險，互不承擔任何形式之風險責任。

十九、乙方營業時間根據顧客需要可適當調整。

第九條　違約

二十、甲、乙雙方簽訂房屋租賃合約。若乙方已交納定金後，甲方未能按期完好如數向乙方移交出租房屋及設備，屬於甲方違約。甲方應每天按年租金的1%向乙方支付延期違約金，同時乙方有權向甲方索回延遲期的定金，直至全部收回，終止合約。

二十一、在合約有效期內未經乙方同意，甲方單方面提高租金，乙方有權拒絕支付超額租金。

二十二、任何一方單方面取消、中斷合約，應提前兩個月通知對方。

二十三、乙方未按時向甲方支付所有應付款項屬於乙方違約，每逾期一天，除付清所欠款項外，每天向甲方支付所欠款1%的違約金。逾期超過60日甲方有權採取措施，收回房屋。

二十四、因不可抗拒的因素引起本合約不能正常履行時，不視為違約。甲方應將乙方已預交的租金退還給乙方。

二十五、因甲方原因使乙方未能正常營業，給乙方造成損失的由甲方承擔責任並賠償乙方損失。

第十條　合約生效、糾紛解決

二十六、本合約經甲、乙雙方單位法定代表人或授權代理人簽字，乙方交付定金後生效，即具有法律效力。

二十七、在本合約執行過程中，若發生糾紛，由雙方友好協商，如協商不成時，可訴請房屋所在地法院解決。

二十八、本合約未盡事宜，由甲、乙雙方協商解決，並另行簽訂補充協定，其補充協定與本合約具有同等法律效力。

二十九、甲、乙雙方需提供的文件作為本合約的附件。

三十、本合約正本一式兩份，甲、乙雙方各執一份。

第十一條　其他

三十一、本合約正文共 5 頁，隨本合約共 4 個

附件：

附 1　甲方有效房產證明影本(略)

附 2　用電及防火安全合格證影本(略)

附 3　甲方營業執照影本(略)

附 4　乙方營業執照影本(略)

甲方：＿＿＿＿＿＿＿＿　　乙方：＿＿＿＿＿＿＿＿

法人：＿＿＿＿＿＿＿＿　　法人：＿＿＿＿＿＿＿＿

註冊地址：＿＿＿＿＿＿　　註冊地址：＿＿＿＿＿＿

開戶銀行：＿＿＿＿＿＿　　開戶銀行：＿＿＿＿＿＿

帳號：______________ 帳號：______________

簽字日期：______________ 簽字日期：______________

注意事項：______________________________

店鋪轉讓協議(轉讓方房東)

(甲方)：__________ 身份證號碼：______________

(乙方)：__________ 身份證號碼：______________

(丙方)：__________ 身份證號碼：______________

甲、乙、丙三方經友好協商，就店鋪轉讓事宜達成以下協定：

一、丙方同意甲方將自己位於______街(路)______號的店鋪(原為：______)轉讓給乙方使用，建築面積為______平方米；並保證乙方同等享有甲方在原有房屋租賃合約中所享有的權利與義務。

二、丙方與甲方已簽訂了租賃合約，租期到____年__月__日止，年租金為________元台幣(大寫：______________)

租金為每年交付一次，並於約定日期提前一個月交至丙方。店鋪轉讓給乙方後，乙方同意代替甲方向丙方履行原有店鋪租賃合約中所規定的條款，並且每年定期交納租金及該合約所約定的應由甲方交納的水電費及其他各項費用。

三、轉讓後店鋪現有的裝修、裝飾及其他所有設備全部歸乙方所有，租賃期滿後房屋裝修等不動產歸丙方所有，營業設備等動產歸乙方(動產與不動產的劃分按原有租賃合約執行)。

四、乙方在_____年_____月____日前一次性向甲方支付轉讓費共計台幣＿＿元，(大寫：＿＿＿＿＿＿)。上述費用已包括第三條所述的裝修、裝飾、設備及其他相關費用，此外甲方不得再向乙方索取任何其他費用。

五、甲方應該協助乙方辦理該店鋪的工商營業執照、衛生許可證等相關證件的過戶手續，但相關費用由乙方負責；乙方接手前該店鋪所有的一切債權、債務均由甲方負責；接手後的一切經營行為及產生的債權、債務由乙方負責。

六、如乙方逾期交付轉讓金，除甲方交鋪日期相應順延外，乙方應每日向甲方支付轉讓費的 1‰作為違約金，逾期 30 日的，甲方有權解除合約，並且乙方必須按照轉讓費的 10%向甲方支付違約金。如果由於甲方原因導致轉讓中止，甲方同樣承擔違約責任，並向乙方支付轉讓費的 10%作為違約金。

七、如因自然災害等不可抗因素導致乙方經營受損的與甲方無關，但遇政府規劃，國家徵用拆遷店鋪，其有關補償歸乙方。

八、本合約一式三份，三方各執一份，自三方簽字之日起生效。

甲方簽字：＿＿＿＿＿＿＿＿　日期：＿＿＿＿＿＿＿

乙方簽字：＿＿＿＿＿＿＿＿　日期：＿＿＿＿＿＿＿

丙方簽字：＿＿＿＿＿＿＿＿　日期：＿＿＿＿＿＿＿

67

什麼是中國大陸的特許加盟

1.商業特許經營的定義

商業特許經營(下稱特許經營)，是指擁有註冊商標、企業標誌、專利、專有技術等經營資源的企業(下稱特許人)，以合約形式將其擁有的經營資源許可其他經營者(下稱被特許人)使用，被特許人按照合約約定在統一的經營模式下開展經營，並向特許人支付特許經營費用的經營活動。

⑴特許人以擁有的註冊商標、企業標誌、專利、專有技術等經營資源授權被特許人使用。

⑵特許人和被特許人之間是合約關係。

⑶被特許人應當按照特許人的要求，在統一的經營模式下開展經營。

⑷被特許人應當向特許人支付相應的費用。

2.特許人的條件

⑴必須為企業

特許人必須為依法設立的企業。

條例第三條第二款規定：「企業以外的其他單位和個人不得作為特許人從事特許經營活動。」

第二十四條第二款規定：「企業以外的其他單位和個人作為特

許人從事特許經營活動的，由商務主管部門責令停止非法經營活動，沒收違法所得，並處 10 萬元以上 50 萬元以下的罰款。」

(2)特許人擁有註冊商標、企業標誌、專利、專有技術等經營資源《條例》點明經營資源還包括專利、專有技術。

(3)成熟的經營模式、持續的指導能力

特許人從事特許經營活動應當擁有成熟的經營模式，並具備為被特許人持續提供經營指導、技術支援和業務培訓等服務的能力。

(4)「兩店一年」

特許人從事特許經營活動應當擁有至少 2 個直營店，並且二個直營店經營時間都超過一年。

違反的，由商務主管部門責令改正，沒收違法所得，處 10 萬至 50 萬元罰款，並予以公告。

(依據商務部 2007 年 4 月 30 日發布並於 2007 年 5 月 1 日起施行的《商業特許經營備案管理辦法》)

特許人可以是台灣地區的企業。

「兩店一年」中的「直營店」可以位於台灣地區，且特許人應向備案機關提供直營店營業證明(含中文翻譯件)，並經當地公證機構公證和海基會認證。

2.商業特許經營的四個制度和規範

2012 年 1 月 18 日商務部第 60 次部務會議審議通過修訂後的《商業特許經營資訊披露管理辦法》於 2012 年 2 月 23 日發布，自 2012 年 4 月 1 日起施行。《商業特許經營資訊披露管理辦法》(商務部令 2007 年第 16 號)同時廢止。

(1)資訊披露制度，明確規定特許人在訂立特許經營合約之日前至少 30 日，以書面形式向被特許人提供有關資訊和特許經營合約文本，並明確規定特許人應提供的資訊內容。

特許人提供的資訊應真實、完整、準確，不得遺漏有關資訊或者提供虛假資訊。

⑵特許人進行資訊披露應當包括以下內容：

①特許人及特許經營活動的基本情況。

a.特許人名稱、通訊位址、聯繫方式、法定代表人、總經理、註冊資本額、經營範圍以及現有直營店的數量、位址和聯繫電話。

b.特許人從事商業特許經營活動的概況。

c.特許人備案的基本情況。

d.由特許人的關聯方向被特許人提供產品和服務的，應當披露該關聯方的基本情況。

e.特許人或其關聯方過去 2 年內破產或申請破產的情況。

②特許人擁有經營資源的基本情況。

a.註冊商標、企業標誌、專利、專有技術、經營模式及其他經營資源的文字說明。

b.經營資源的所有者是特許人關聯方的，應當披露該關聯方的基本資訊、授權內容，同時應當說明在與該關聯方的授權合約終止或提前終止的情況下，如何處理該特許體系。

c.特許人(或其關聯方)的註冊商標、企業標誌、專利、專有技術等與特許經營相關的

經營資源涉及訴訟或仲裁的情況。

③特許經營費用的基本情況。

a.特許人及代協力廠商收取費用的種類、金額、標準和支付方

式，不能披露的，應當說明原因，收費標準不統一的，應當披露最高和最低標準，並說明原因。

b. 保證金的收取、返還條件、返還時間和返還方式。

c. 要求被特許人在訂立特許經營合約前支付費用的，該部分費用的用途以及退還的條件、方式。

④向被特許人提供產品、服務、設備的價格、條件等情況。

a. 被特許人是否必須從特許人（或其關聯方）處購買產品、服務或設備及相關的價格、條件等。

b. 被特許人是否必須從特許人指定（或批准）的供應商處購買產品、服務或設備。

c. 被特許人是否可以選擇其他供應商以及供應商應具備的條件。

⑤為被特許人持續提供服務的情況。

a. 業務培訓的具體內容、提供方式和實施計劃，包括培訓地點、方式和期限等。

b. 技術支援的具體內容、提供方式和實施計劃，包括經營資源的名稱、類別及產品、設施設備的種類等。

⑥對被特許人的經營活動進行指導、監督的方式和內容。

a. 經營指導的具體內容、提供方式和實施計劃，包括選址、裝修裝潢、店面管理、廣告促銷、產品配置等。

b. 監督的方式和內容，被特許人應履行的義務和不履行義務的責任。

c. 特許人和被特許人對消費者投訴和賠償的責任劃分。

⑦特許經營網點投資預算情況。

a. 投資預算可以包括下列費用：加盟費；培訓費；房地產和裝修費用；設備、辦公用品、傢俱等購置費；初始庫存；水、電、煤氣費；為取得執照和其他政府批准所需的費用；啟動週轉資金。

b. 上述費用的資料來源和估算依據。

⑧中國境內被特許人的有關情況。

a. 現有和預計被特許人的數量、分佈地域、授權範圍、有無獨家授權區域(如有，應說明預計的具體範圍)的情況。

b. 現有被特許人的經營狀況，包括被特許人實際的投資額、平均銷售量、成本、毛利、純利等資訊，同時應當說明上述資訊的來源。

⑨最近 2 年的經會計師事務所或審計事務所審計的特許人財務會計報告摘要和審計報告摘要。

⑩特許人最近 5 年內與特許經營相關的訴訟和仲裁情況，包括案由、訴訟(仲裁)請求、管轄及結果。

⑪特許人及其法定代表人重大違法經營紀錄情況。

a. 被有關行政執法部門處以 30 萬元以上罰款的。

b. 被追究刑事責任的。

⑫特許經營合約文本。

a. 特許經營合約樣本。

b. 如果特許人要求被特許人與特許人(或其關聯方)簽訂其他有關特許經營的合約，應當同時提供此類合約樣本。

c. 特許人向被特許人披露資訊前，有權要求被特許人簽署保密協定。被特許人在訂立合約過程中知悉的商業祕密，無論特許經營合約是否成立，不得洩露或者不正當使用。特許經營合約終止後，被特許人因合約關係知悉特許人商業祕密的，即使未訂立合約終止後的保密協議，也應當承擔保密義務。

被特許人違反上違規定，洩露或者不正當使用商業祕密給特許人或者其他人造成損失的，應當承擔相應的損害賠償責任。

法律後果：隱瞞有關資訊或提供虛假資訊的，被特許人可解除特許經營合約。商務主管部門責令改正，處 1 萬至 5 萬元罰款；情節嚴重的，處 5 萬至 10 萬元罰款，並予以公告。

3. 備案制度

2011 年 11 月 7 日商務部第 56 次部務會議審議通過修訂後的《商業特許經營備案管理辦法》於 2011 年 12 月 12 日發布，自 2012 年 2 月 1 日起施行。《商業特許經營備案管理辦法》（商務部 2007 年第 15 號令）同時廢止。

⑴特許人應自首次訂立合約之日起 15 日內，向商務主管部門備案。備案的程序以及備案時應當提交的文件和材料。

由設區的市級以上商務主管部門責令限期備案，並處 1 萬元以上 5 萬元以下罰款；逾期仍不備案的，處 5 萬元以上 10 萬元以下罰款，並予以公告。

符合新法規定的特許人，都應當通過政府網站進行備案。

⑵特許人應當在每年 3 月 31 日前將其上一年度訂立、撤銷、續簽與變更的特許經營合約情況向備案機關報告。

法律後果：違反的，由設區的市級以上商務主管部門責令改正，可以處 1 萬元以下的罰款；情節嚴重的，處 1 萬元以上 5 萬元以下的罰款，並予以公告。

⑶外商投資企業應當提交《外商投資企業批准證書》，《外商投

資企業批准證書》經營範圍中應當包括「以特許經營方式從事商業活動」專案。

⑷商務部可以根據有關規定，將跨省、自治區、直轄市範圍從事商業特許經營的備案工作委託有關省、自治區、直轄市人民政府商務主管部門完成。

⑸有關特許經營案的相關文件，在中華人民共和國境外形成的，需經所在國公證機關公證(附中文譯本)，並經中華人民共和國駐所在國使領館認證，或者履行中華人民共和國與所在國訂立的有關條約中規定的證明手續。在香港、澳門、台灣地區形成的，應當履行相關的證明手續。

4. 台資企業從事特許經營的特別規定

⑴對條例施行前已合法從事特許經營的特許人的特別規定

在條例實施以前，已按照《辦法》等規定合法從事特許經營的台資企業不受條例中本企業「兩店一年」的限制，按照現有的模式經營即可。

⑵在 2007 年 5 月 1 日前簽訂特許經營合約的備案

在條例生效以前就已合法簽訂的特許經營合約，必須在條例生效後一年內(即 2008 年 4 月 30 日以前)向商務主管機關進行備案。否則商務主管部門將責令限期備案，處 1 萬至 5 萬元罰款；逾期仍不備案的，處 5 萬至 10 萬元罰款，並予以公告。

提醒：2007 年 5 月 1 日以後簽訂的特許經營合約必須備案。跨省從事特許經營活動則須到商務部備案。

⑶2007 年 5 月 1 日後台資企業從事特許經營是否需要前置審批或只需備案的問題

據商務部答覆：台資從事特許經營，須在其經營範圍中增加特許經營這項經營範圍，且需報原審機關審批增加該項經營內容。

5.對特許經營合約的規範

第一，書面訂立合約。合約應包括的主要內容；

第二，雙方可約定，被特許人在合約訂立後一定期限內，可以單方解除合約；

第三，除被特許人同意的情況外，合約約定的期限應當不少於三年。續簽合約時，合約的期限不受三年的限制。

6.對特許人與被特許人行為的規範

⑴對特許人行為規範的重點規定

①向被特許人提供操作手冊，並按約定內容和方式為被特許人持續提供經營指導、技術支援、業務培訓等服務。

②要求被特許人在訂立特許經營合約前支付費用的，應以書面向被特許人說明該費用的用途以及退還的條件方式。

③向被特許人收取的推廣、宣傳費用，應按合約約定的用途使用並及時向被特許人披露費用的使用情況，特許人在推廣、宣傳活動中不得有欺騙、誤導的行為，其發布的廣告中不得含有宣傳被特許人從事特許經營活動收益的內容。違反的，責令改正，罰款，公告；追究刑事責任。

⑵對被特許人行為規範的重點規定

①特許權轉讓之禁止。

②商業秘密洩露之禁止。

⑶對特許人與被特許人共同的規範

特許經營的產品或者服務的品質、標準應當符合法律、行政法規和國家有關規定的要求。

根據商務部的答覆：新法(即《條例》)自 2007 年 5 月 1 日實施之日起，舊法(即《辦法》)自動廢止。

《商業特許經營備案管理辦法》自 2012 年 3 月 1 日起施行三《商業特許經營資訊披露管理辦法》自 2012 年 4 月 1 日起施行。

7. 簽訂、履行特許經營合約要注意之處

⑴對被特許人主體資格的約定

約定被許可人是依法設立的公司。如為自然人，可要求其設立公司，費用由被許可人自行負擔。

另外根據行業的特點可約定被特許人的條件，以及從事此行業的資質或須擁有的資金、場所、規模、人員等。

⑵對合約年限的約定

條例中規定特許經營合約的一般經營期限是三年，但被特許人同意的除外。

特許人應該綜合考慮本行業的特點，合理的制定特許經營期限。假如在合約申明確約定「被特許人同意合約期限為兩年」，這樣的約定也是合法的。

⑶對特許人之註冊商標權、商業祕密、專利權等的約定

①註冊商標權與特許經營

a. 特許經營涉及註冊商標使用許可的，應備案，並報特許人和受許人所在地工商機關備案。

b. 許可人不可超出商標之註冊類別及商品/服務專案之範圍許可。

c. 不得濫施許可或再授權商標。

d. 特許合約終止後對特許人註冊商標的保護以防止不正當競爭行為的發生。

②專利權與特許經營

根據專利法律的相關規定，任何單位或者個人實施他人專利的，應當與專利權人訂立書面實施許可合約，專利權人與他人訂立的專利實施許可合約，應當自合約生效之日起三個月內向國務院專利行政部門備案。

提醒：未經備案的專利許可合約不得對抗第三人。

8. 披露資訊的內容

⑴特許人的名稱、住所、法定代表人、註冊資本額、經營範圍以及從事特許經營活動的基本情況；

⑵特許人的註冊商標、企業標誌、專利、專有技術和經營模式的基本情況；

⑶特許經營費用的種類、金額和支付方式(包括是否收取保證金以及保證金的返還條件和返還方式)；

⑷向被特許人提供產品、服務、設備的價格和條件；

⑸為被特許人持續提供經營指導、技術支援、業務培訓等服務的具體內容、提供方式和實施計劃；

⑹對被特許人的經營活動進行指導、監督的具體辦法；

⑺特許經營網點投資預算；

⑻在中國境內現有的被特許人的數量、分佈地域以及經營狀況評估；

⑼最近 2 年的經會計師事務所審計的財務會計報告摘要和審計報告摘要；

⑽最近 4 年內與特許經營相關的訴訟和仲裁情況；

⑾特許人及其法定代表人是否有重大違法經營紀錄；

⑿國務院商務主管部門規定的其他資訊。

9. 備案時需提供的材料

⑴營業執照影本或者企業登記(註冊)證書影本；

⑵特許經營合約樣本；

⑶特許經營操作手冊；

⑷市場計劃書；

⑸表明符合條例第七條規定的書面承諾及相關證明材料；

⑹國務院商務主管部門規定的其他文件、資料。

特許經營的產品或者服務，依法應當經批准才可經營的，特許人還應當提交有關批准文件。

10. 特許經營體系必需準備

授權書、特許加盟合約、店鋪開發計劃、員工培訓計劃、營運督導方案、物流配送方案與配合資訊披露所要準備的特許加盟商的信息。

特許經營最好準備下列資料以配合法律文件的製作，完善加盟合約：

⑴特許經營合約

⑵運營管理流程規範

⑶商鋪開發手冊

⑷加盟商手冊

⑸營運計劃書

⑹物流操作手冊

(7)培訓手冊

(8)店長守則

(9)員工守則

11.特許經營合約的主要內容

(1)特許人、被特許人的基本情況；

(2)特許經營的內容、期限；

(3)特許經營費用的種類、金額及其支付方式；

(4)經營指導、技術支援以及業務培訓等服務的具體內容和提供方式；

(5)產品或者服務的品質、標準要求和保證措施；

(6)產品或者服務的促銷與廣告宣傳；

(7)特許經營中的消費者權益保護和賠償責任的承擔；

(8)特許經營合約的變更、解除和終止；

(9)違約責任；

(10)爭議的解決方式；

(11)特許人與被特許人約定的其他事項。

心得欄 ----------------------------------

68

中國的《商業連鎖加盟管理條例》

第一章　總則

第一條　為規範商業連鎖加盟活動，促進商業連鎖加盟健康、有序發展，維護市場秩序，特制定本條例。

第二條　在中華人民共和國境內從事商業連鎖加盟活動，應當遵守本條例。

第三條　本條例所稱商業連鎖加盟(以下稱連鎖加盟)，是指擁有注冊商標、企業標誌、專利、專有技術等經營資源的企業(以下稱特許人)，以合約形式將其擁有的經營資源許可其他經營者(以下稱被特許人)使用，被特許人按照合約約定在統一的經營模式下開展經營，並向特許人支付連鎖加盟費用的經營活動。

企業以外的其他單位和個人不得作為特許人從事連鎖加盟活動。

第四條　從事連鎖加盟活動，應當遵循自願、公平、誠實信用的原則。

第五條　國務院商務主管部門依照本條例規定，負責對全國範圍內的連鎖加盟活動實施監督管理。省、自治區、直轄市人民政府商務主管部門和設區的市級人民政府商務主管部門依照本條例規定，負責對本行政區域內的連鎖加盟活動實施監督管理。

第六條　任何單位或者個人對違反本條例規定的行為，有權向商務主管部門舉報。商務主管部門接到舉報後應當依法及時處理。

第二章　連鎖加盟活動

第七條　特許人從事連鎖加盟活動應當擁有成熟的經營模式，並具備為被特許人持續提供經營指導、技術支援和業務培訓等服務的能力。

特許人從事連鎖加盟活動應當擁有至少兩個直營店，並且經營時間超過 1 年。

第八條　特許人應當自首次訂立連鎖加盟合約之日起 15 日內，依照本條例的規定向商務主管部門備案。在省、自治區、直轄市範圍內從事連鎖加盟活動的，應當向所在地省、自治區、直轄市人民政府商務主管部門備案；跨省、自治區、直轄市範圍從事連鎖加盟活動的，應當向國務院商務主管部門備案。

特許人向商務主管部門備案，應當提交下列文件、資料：

(一)營業執照影本或者企業登記(註冊)證書影本；

(二)連鎖加盟合約樣本；

(三)連鎖加盟操作手冊；

(四)市場計劃書；

(五)表明其符合本條例第七條規定的書面承諾及相關證明材料；

(六)國務院商務主管部門規定的其他文件、資料。

連鎖加盟的產品或者服務，依法應當經批准方可經營的，特許人還應當提交有關批准文件。

第九條　商務主管部門應當自收到特許人提交的符合本條例

第八條規定的文件、資料之日起 10 日內予以備案，並通知特許人。特許人提交的文件、資料不完備的，商務主管部門可以要求其在 7 日內補充提交文件、資料。

第十條 商務主管部門應當將備案的特許人名單在政府網站上公佈，並及時更新。

第十一條 從事連鎖加盟活動，特許人和被特許人應當採用書面形式訂立連鎖加盟合約。

連鎖加盟合約應當包括下列主要內容：

(一)特許人、被特許人的基本情況；

(二)連鎖加盟的內容、期限；

(三)連鎖加盟費用的種類、金額及其支付方式；

(四)經營指導、技術支援以及業務培訓等服務的具體內容和提供方式；

(五)產品或者服務的品質、標準要求和保證措施；

(六)產品或者服務的促銷與廣告宣傳；

(七)連鎖加盟中的消費者權益保護和賠償責任的承擔；

(八)連鎖加盟合約的變更、解除和終止；

(九)違約責任；

(十)爭議的解決方式；

(十一)特許人與被特許人約定的其他事項。

第十二條 特許人和被特許人應當在連鎖加盟合約中約定，被特許人在連鎖加盟合約訂立後一定期限內，可以單方解除合約。

第十三條 連鎖加盟合約約定的連鎖加盟期限應當不少於 3 年。但是，被特許人同意的除外。

特許人和被特許人續簽連鎖加盟合約的，不適用前款規定。

第十四條 特許人應當向被特許人提供連鎖加盟操作手冊，並按照約定的內容和方式為被特許人持續提供經營指導、技術支援、業務培訓等服務。

第十五條 連鎖加盟的產品或者服務的品質、標準應當符合法律、行政法規和國家有關規定的要求。

第十六條 特許人要求被特許人在訂立連鎖加盟合約前支付費用的，應當以書面形式向被特許人說明該部份費用的用途以及退還的條件、方式。

第十七條 特許人向被特許人收取的推廣、宣傳費用，應當按照合約約定的用途使用。推廣、宣傳費用的使用情況應當及時向被特許人披露。

特許人在推廣、宣傳活動中，不得有欺騙、誤導的行為，其發佈的廣告中不得含有宣傳被特許人從事連鎖加盟活動收益的內容。

第十八條 未經特許人同意，被特許人不得向他人轉讓連鎖加盟權。

被特許人不得向他人洩露或者允許他人使用其所掌握的特許人的商業秘密。

第十九條 特許人應當在每年第一季將其上一年度訂立連鎖加盟合約的情況向商務主管部門報告。

第三章 信息披露

第二十條 特許人應當依照國務院商務主管部門的規定，建立並實行完備的信息披露制度。

第二十一條 特許人應當在訂立連鎖加盟合約之日前至少 30

日，以書面形式向被特許人提供本條例。

第二十二條 規定的信息，並提供連鎖加盟合約文本。

第二十三條 特許人應當向被特許人提供以下信息：

(一)特許人的名稱、住所、法定代表人、註冊資本額、經營範圍以及從事連鎖加盟活動的基本情況；

(二)特許人的注冊商標、企業標誌、專利、專有技術和經營模式的基本情況；

(三)連鎖加盟費用的種類、金額和支付方式(包括是否收取保證金以及保證金的返還條件和返還方式)；

(四)向被特許人提供產品、服務、設備的價格和條件；

(五)為被特許人持續提供經營指導、技術支援、業務培訓等服務的具體內容、提供方式和實施計劃；

(六)對被特許人的經營活動進行指導、監督的具體辦法；

(七)連鎖加盟網點投資預算；

(八)在中國境內現有的被特許人的數量、分佈地域以及經營狀況評估；

(九)最近兩年的經會計師事務所審計的財務會計報告摘要和審計報告摘要；

(十)最近 5 年內與連鎖加盟相關的訴訟和仲裁情況；

(十一)特許人及其法定代表人是否有重大違法經營記錄；

(十二)國務院商務主管部門規定的其他信息。

第二十四條 特許人向被特許人提供的信息應當真實、準確、完整，不得隱瞞有關信息或者提供虛假信息。

特許人向被特許人提供的信息發生重大變更的，應當及時通知被特許人。

特許人隱瞞有關信息或者提供虛假信息的，被特許人可以解除連鎖加盟合約。

第四章　法律責任

第二十五條　特許人不具備本條例第七條第二款規定的條件，從事連鎖加盟活動的，由商務主管部門責令改正，沒收違法所得，處 10 萬元以上 50 萬元以下的罰款，並予以公告。

企業以外的其他單位和個人作為特許人從事連鎖加盟活動的，由商務主管部門責令停止非法經營活動，沒收違法所得，並處 10 萬元以上 50 萬元以下的罰款。

第二十六條　特許人未依照本條例第八條的規定向商務主管部門備案的，由商務主管部門責令限期備案，處 1 萬元以上 5 萬元以下的罰款；逾期仍不備案的，處 5 萬元以上 10 萬元以下的罰款，並予以公告。

第二十七條　特許人違反本條例第十六條、第十九條規定的，由商務主管部門責令改正，可以處 1 萬元以下的罰款；情節嚴重的，處 1 萬元以上 5 萬元以下的罰款，並予以公告。

第二十八條　特許人違反本條例第十七條第二款規定的，由工商行政管理部門責令改正，處 3 萬元以上 10 萬元以下的罰款；情節嚴重的，處 10 萬元以上 30 萬元以下的罰款，並予以公告；構成犯罪的，依法追究刑事責任。

特許人利用廣告實施欺騙、誤導行為的，依照廣告法的有關規定予以處罰。

第二十九條　特許人違反本條例第二十一條、第二十三條規定，被特許人向商務主管部門舉報並經查實的，由商務主管部門責令改正，處 1 萬元以上 5 萬元以下的罰款；情節嚴重的，處 5 萬元以上 10 萬元以下的罰款，並予以公告。

第三十條　以連鎖加盟名義騙取他人財物，構成犯罪的，依法追究刑事責任；尚不構成犯罪的，由公安機關依照《中華人民共和國治安管理處罰法》的規定予以處罰。

以連鎖加盟名義從事傳銷行為的，依照《禁止傳銷條例》的有關規定予以處罰。

第三十一條　商務主管部門的工作人員濫用職權、怠忽職守、徇私舞弊，構成犯罪的，依法追究刑事責任；尚不構成犯罪的，依法給予處分。

第五章　附則

第三十二條　連鎖加盟活動中涉及商標許可、專利許可的，依照有關商標、專利的法律、行政法規的規定辦理。

第三十三條　有關協會組織在國務院商務主管部門指導下，依照本條例的規定制定連鎖加盟活動規範，加強行業自律，為連鎖加盟活動當事人提供相關服務。

第三十四條　本條例施行前已經從事連鎖加盟活動的特許人，應當自本條例施行之日起 1 年內，依照本條例的規定向商務主管部門備案；逾期不備案的，依照本條例第二十五條的規定處罰。

前款規定的特許人，不適用本條例第七條第二款的規定。

第三十五條　本條例自 XXXX 年 XX 月 XX 日起施行。

69

烤鴨連鎖加盟案例

北京便宜坊烤鴨集團有限公司哈德門便宜坊烤鴨店訴北京金都順天餐飲有限公司連鎖加盟合約糾紛案一審判決書(節選)

原告(反訴被告)北京便宜坊烤鴨集團有限公司哈德門便宜坊烤鴨店，住所地北京市崇文區崇外大街甲二號。

被告(反訴原告)北京龍成科工貿公司，住所地北京市豐台區75號院。

被告(反訴原告)北京金都順天餐飲有限公司，住所地北京市東城區和平里中街6區8號。

原告北京便宜坊烤鴨集團有限公司哈德門便宜坊烤鴨店訴被告北京龍成科工貿公司(以下簡稱龍成公司)、北京金都順天餐飲有限公司(以下簡稱金都順天公司)連鎖加盟合約糾紛一案，本院於2003年3月24日受理後，依法組成合議庭，分別於2003年6月9日和2003年7月3日公開開庭進行了審理，本案現已審理終結。

原告訴稱：2000年6月16日，本店與龍成公司簽訂合約，約定：本店向龍成公司提供「便宜坊」烤鴨店商標使用權、專有技術及人員培訓，由龍成公司提供營業用房、設施、設備及流動資金，開辦便宜坊烤鴨店和平分店。合約簽訂後，本店履行了合約義務。龍成公司將按雙方約定成立的便宜坊烤鴨店和平分店交由其出資參股成立的金都順天公司經營，而金都順天公司在經營該店期間一直在使用本店授權龍成公司使用的「便宜坊」商標。但二被告在經營期間一直拖欠本店的原材料款及應支付的商標使用費。故訴至法院，請求法院依法判令：①解除本店與龍成公司於 2000 年 6 月 16 日簽訂的合約；②二被告立即停止使用「便宜坊」商標；③二被告償還拖欠的商標使用費 15.83 萬元及滯納金(按每日 0.21‰計)和烤鴨原材料款 348842.6 元及逾期利息；④二被告賠償原告損失 15.83 萬元；⑤被告承擔本案訴訟費用。

二被告共同答辯並反訴稱：龍成公司與原告簽訂合約後，已將第一年的商標使用費一次性付清。由於該合約雙方為原告與龍成公司，而該公司沒有經營餐飲的業務範圍，故將依約成立的便宜坊烤鴨店和平分店交由該公司參股成立的金都順天公司經營。但因金都順天公司不是前述合約的簽約方，故其在經營中使用「便宜坊」商標不符合工商管理機關關於商標使用的要求，需要原告為該公司完善商標使用手續。龍成公司多次與原告聯繫，要求其為金都順天公司完善商標使用手續，但原告始終未予解決。按照工商管理機關的規定，金都順天公司的行為應為非法使用他人註冊商標。此外，原告還在選派人員方面及進行技術支援、提供原材料、提供先進經驗和最新菜點以及檢查工作等方面違反合約約定。原告的上述行為，已給二被告造成嚴重損失，故反訴請求法院依法判決：①解除龍成公司與原告所簽合約；②駁回原告訴訟請求；③原告賠償二被告損失

1533107 元。

原告針對二被告的反訴理由及請求辯稱：本店對被告金都順天公司使用「便宜坊」商標不持異議，但二被告從未向本店提出為金都順天公司完善商標使用手續的要求，因此造成該公司商標使用權手續不完善的責任完全在二被告。原告已經依照合約約定履行了義務，二被告嚴重違約，其違約行為已經達到了本店與龍成公司所簽合約中約定的解除合約的條件。二被告所稱的所謂損失與本店無關，故請求法院依法駁回二被告的反訴請求。

經審理查明：2000 年 6 月 16 日，原告與被告龍成公司簽訂合約，主要約定：由龍成公司提供營業用房，原告提供「便宜坊」商標使用權及專有技術，雙方合作經營便宜坊烤鴨店和平分店；合作期為 2000 年 6 月 16 日至 2005 年 6 月 16 日，原告讓給龍成公司四個月時間做開業的準備工作；由原告培訓龍成公司的工作人員；商標使用費第一年為 12 萬元，從第二年開始每年遞增 5%，即第二年為 12.6 萬元，第三年為 13.23 萬元，第四年為 13.89 萬元，第五年為 14.58 萬元；龍成公司以一年為期支付商標使用費，即簽訂合約時一次性交齊當年的商標使用費，以後幾年的於當年的 8 月 8 日之前交齊；原告不得在龍成公司經營場所週邊開辦掛有「便宜坊」牌匾的餐館；原告選派一名廚師長和四名廚師到龍成公司工作，負責專業技術，產品品質的實施、指導和管理，且有權隨時更換其派出的廚師長和廚師；龍成公司必須保證產品、服務的品質，維護原告的信譽；原告應全力扶持龍成公司，應將先進經驗和最新菜點及時傳授給龍成公司；龍成公司所用的烤鴨鴨胚及荷葉餅由原告供貨，價格按原告的進價加上必要的工時費計算，貨款於當月 25 日之前結清；龍成公司保證按期交納商標使用費，如拖欠須按每日 5‰加罰滯納金，過期一個月仍未交納，原告將追究責任並要求龍成公司賠償一倍使用費的損失，並有權單方解除合約。

合約簽訂後的同年 6 月 20 日，龍成公司向原告支付了 2000 年的商標使用費 12 萬元。此後，龍成公司投入資金、設備成立了便宜坊烤鴨店和平分店，並將該店交由其出資參股成立的被告金都順天公司經營。金都順天公司在經營中使用了「便宜坊」商標，原告也曾向該公司經營的便宜坊烤鴨店和平分店派出過廚師長等技術人員並向該店提供了鴨胚、薄餅等原材料。2002 年 4 月 9 日，金都順天公司向原告支付了商標使用費 6 萬元。此後，二被告均未再向原告支付商標使用費。

2002 年 10 月，二被告書面向原告確認尚欠原告原材料貨款 348842.6 元，商標使用費 16.83 萬元。

在訴訟中，二被告稱除雙方無爭議的 18 萬元商標使用費外，金都順天公司還向原告支付過 3 萬元商標使用費。二被告用於支持其此主張的證據是原告開具的編號為 No.4455977、開票日期為 2002 年 5 月 10 日的發票，該發票服務項目欄中寫明「工資」，金額為 3 萬元。二被告稱該發票涉及的 3 萬元系商標使用費，原告誤開為工資。但原告對此予以否認，稱該發票涉及的款項系金都順天公司支付的由原告派往便宜坊烤鴨店和平分店的廚師等技術人員的工資。

在訴訟中，二被告稱曾多次要求原告為金都順天公司完善商標使用手續，但原告對此予以否認，二被告也未提交充分證據支持其此主張。

此外，二被告雖稱金都順天公司使用「便宜坊」註冊商標不符合工商部門的規定，但其也未舉證證明該公司因此受到過工商部門的行政處罰或因此導致不能進行正常經營。

上述事實，除前文敘明的證據外，另有雙方提交的如下證據及雙方陳述在案佐證：①原告提交的其與龍成公司簽訂的合約、商標註冊證、被告金都順天公司經營的便宜坊烤鴨店和平分店門面的照片、二被告的還款計劃和欠款情況說明、證人證言、財務憑證等；②二被告提交的交納商標使用費的發票、其他票據及賬目表、其他書證等。

本院認為：原告與龍成公司簽訂的合約系雙方真實意思表示。因其中約定延遲支付商標使用費的滯納金按每日5‰計算，顯失公平，遠高於法定標準，故此條款應屬無效。除此條款外，前述合約的其他條款均屬合法有效。

原告與龍成公司簽訂合約的目的是合作經營便宜坊烤鴨店和平分店。由於龍成公司不具有經營餐飲的業務範圍，故將該店交給其參股成立的金都順天公司進行實際經營。金都順天公司不僅在實際經營該店中使用了「便宜坊」註冊商標，而且向原告支付了6萬元商標使用費，原告在訴訟中也表示對金都順天公司在經營該店中使用「便宜坊」註冊商標不持異議。因此，應當認定原告與龍成公司所簽合約中約定的龍成公司的權利義務應當由龍成公司和金都順天公司共同享有和承擔。

二被告稱除雙方無爭議的18萬元外，金都順天公司另向原告支付了3萬元商標使用費，但因原告予以否認，二被告也未提交充分證據，故對二被告此主張，本院不予支持。

二被告未提供充分證據證明金都順天公司在經營便宜坊烤鴨店和平分店中，因使用「便宜坊」註冊商標的手續不完善而受到有關部門的行政處罰並導致其不能進行正常的經營活動。此外，二被告也沒有提供充分證據證明其曾要求原告為金都順天公司完善商標使用手續。因此，二被告以此作為欠付原告商標使用費的抗辯理由，不能成立。在此情況下，二被告未按合約約定的時間向原告支付商標使用費的行為，已構成違約。鑑於二被告遲延支付所欠商標使用費的時間已超過合約約定的1個月的期限，因此原告根據合約的約定，有權單方解除合約並有權要求二被告賠償一倍使用費的損失。鑑於二被告在反訴中也提出了解除合約的反訴請求，因此，本院確認原告與龍成公司所簽合約應予解除。合約解除後，二被告不得再使用原告的「便宜坊」註冊商標。

根據原告與龍成公司所簽合約的約定，至2002年8月8日，二被告應向原告支付的商標使用費數額應為37.83萬元。現有證據表明，二被告僅向原告支付了18萬元商標使用費，尚欠19.83萬元未支付。根據原告與龍成公司所簽合約中關於原告讓給龍成公司4個月時間做開店準備的約定，前述19.83萬元中應扣除第一年的商標使用費4萬元，因此，二被告實際欠原告商標使用費15.83萬元。此款，二被告應向原告支付，並應賠償原告同等數額損失。

鑑於二被告已書面確認欠原告348842.6元原材料款，故二被告應向原告支付此款並承擔利息。

因導致合約解除的責任在於二被告，故二被告在反訴中所提出要求原告賠償150餘萬元損失的訴訟請求，本院不予支持。

鑑於在訴訟中，原告明確僅按日0.21‰請求滯納金，此符合《最高人民法院關於修改(最高人民法院關於逾期付款違約金應當按照何種標準計算問題的批復)的批復》的規定，故本院對原告此請求予以支持。

綜上所述，依照《中華人民共和國合約法》第九十三條第二款、第九十七條之規定，判決如下：

(一)解除原告北京便宜坊烤鴨集團有限公司哈德門便宜坊烤鴨店與被告北京龍成科工貿公司於2000年6月16日簽訂的合約。

(二)被告北京龍成科工貿公司、北京金都順天餐飲有限公司於本判決生效後，立即停止使用原告北京便宜坊烤鴨集團有限公司哈德門便宜坊烤鴨店的「便宜坊」註冊商標。

(三)被告北京龍成科工貿公司、北京金都順天餐飲有限公司於本判決生效後10日內，向原告北京便宜坊烤鴨集團有限公司哈德門便宜坊烤鴨店支付商標使用費158300元並按日0.21‰的標準支付滯納金至給付清日止。

(四)被告北京龍成科工貿公司、北京金都順天餐飲有限公司於本判決生效後10日內，向原告北京便宜坊烤鴨集團有限公司哈德門便宜坊烤鴨店支付原材料款348842.6元並按日0.21‰的標準支付滯納金至給付清日止。

(五)被告北京龍成科工貿公司、北京金都順天餐飲有限公司於本判決生效後 10 日內，賠償原告北京便宜坊烤鴨集團有限公司哈德門便宜坊烤鴨店經濟損失 158300 元。

(六)駁回被告北京龍成科工貿公司、北京金都順天餐飲有限公司的反訴請求。

心得欄 --

70

保健連鎖加盟案例

北京台聯良子保健技術有限公司訴北京亞運良子健身服務中心國貿橋洗浴分店商標權糾紛案二審判決書(節選)

上訴人(原審原告)北京，住所地北京市海澱區薊門東裏 6 號樓南側 1 號辦公樓。

被上訴人(原審被告)，地址北京市朝陽區建國門外大街甲 1 號三層。

上訴人北京台聯良子保健技術有限公司(簡稱台聯良子公司)不服北京市朝陽區人民法院(2004)朝民初字第 23699 號民事判決，向本院提起上訴，本院於 2004 年 10 月 38 日受理後，本案現已審理終結。

北京市朝陽區人民法院查明：1998 年 12 月 28 日，新疆良子健身有限公司(簡稱新疆良子公司)經國家工商行政管理總局商標局(簡稱商標局)核准，取得「良子」文字加腳掌圖形組成的服務商標，核定的服務項目為第 42 類「按摩、推拿」。1999 年 1 月 11 日，台聯良子公司成立，其經營範圍包括健身技術開發、浴池服務等服務項目。新疆良子公司於 1999 年 1 月 18 日許可台聯良子公司獨家使用「良子」文字加腳掌圖形商標，又於 2002 年 2 月 22 日將該商標轉讓給台聯良子公司，上述行為經過了商標局的備案與核准。台聯良子公司自 1999 年 1 月開始在經營中使用「良子」文字加腳掌圖形商標，並在牌匾上使用「良子健身」字樣。

目前，台聯良子公司在北京及全國開設有多家經營按摩、足浴、足底保健等健身業務的加盟店，其加盟店也在牌匾上使用「良子健身」、「良子洗腳」、「良子足浴」等字樣。

北京亞運良子健身服務中心國貿橋洗浴分店(簡稱亞運良子國貿橋分店)是領有營業執照、註冊資金 10 萬元的非法人單位，成立於 2003 年 11 月 12 日，經營範圍包括：沐浴(不含按摩服務)；美容美髮(醫療性美容除外)；零售包裝食品、美術品、百貨(其中的「沐浴；美容美髮」需要取得專項審批之後，方可經營)。該公司在從事足部保健、足浴等經營活動時，在宣傳資料上使用了「良子」二字，且將「亞運良子」、「亞運良子(國貿橋)」、「北京亞運良子健身中心國貿橋分店」等字樣標注在戶外牌匾、員工名片、打折票、打火機上。2004 年 6 月 11 日衛生部批准該公司可以從事足浴服務。

北京亞運良子健身服務中心(簡稱亞運良子中心)系亞運良子國貿橋分店的開辦單位，其曾於 2002 年 8 月 7 日與台聯良子公司簽訂連鎖加盟合約，成為台聯良子公司的加盟成員。該中心享有使用「良子」統一商號、商標及相關服務的權利，但雙方限定行使權利的地點僅限於亞運良子中心的經營地點，即北京市朝陽區北四環中路 8 號(運動員餐廳)。

北京市朝陽區人民法院認為，「良子」文字加腳掌圖形商標是經過商標局審核批准的註冊商標，台聯良子公司自 1999 年 1

月 18 日起享有該商標的獨佔使用權，並於 2002 年 2 月對該商標享有專用權，故其有權對侵犯該商標專用權的行為提出主張。雖然台聯良子公司許可亞運良子中心使用「良子」商標，但雙方限定的使用地點不包含亞運良子國貿橋分店的經營地點，因此亞運良子國貿橋分店在經營足部保健和足療的過程中，在宣傳資料上單獨使用「良子」二字的行為屬於突出使用他人註冊商標中文字部份，侵犯了台聯良子公司商標專用權。亞運良子國貿橋分店經北京市工商行政管理局核准成立，依法享有企業名稱權。依據相關法律規定，企業在對外經營活動中，應當依法規範使用其名稱，從事商業、服務等行業的企業名稱的牌匾可以適當簡化，但不得與其他企業的註冊商標相混淆。由於台聯良子公司和亞運良子國貿橋分店均從事足療、足浴等經營活動，二者存在競爭關係。且涉案的「良子」文字加腳掌圖形組合商標，經過台聯良子公司在經營活動中的使用和宣傳，以及多家加盟企業的使用和宣傳，已經在一定範圍內具有較高知名度，消費者在看到「良子」文字時自然會將該文字和足部保健服務聯繫起來。因此，亞運良子國貿橋分店在經營過程中採用「亞運良子」、「亞運良子(國貿店)」等方式簡化使用其企業名稱，容易使相關消費者誤認為其與台聯良子公司存在連鎖或其他關係，致使消費者對不同服務的來源和經營者之間具有關聯關係產生混淆誤認。亞運良子國貿橋分店的行為，具有主觀惡意，違背了誠實信用、公平競爭的基本原則，屬於不正當競爭行為。

因此依據商標法第五十二條第一款第(一)項、第五十六條第二款、反不正當競爭法第二條、第二十條第一款的規定，判決：①亞運良子國貿橋分店自判決生效之日起，不得突出使用「良子」二字從事按摩、推拿或者類似的經營活動；②亞運良子國貿橋分店自判決生效之日起停止使用含有「良子」二字的企業簡稱從事涉案經營活動；③亞運良子國貿橋分店於判決生效之日起 10 日內賠償台聯良子公司損失 3 萬元；④駁回台聯良子公司的其他訴訟請求。

台聯良子公司不服原審判決，向本院提起上訴，請求本院撤銷原審判決，並依法改判；上訴費由被上訴人承擔。其理由是：①原審法院以被告領有營業執照，並有 10 萬元註冊資金為由，不同意上訴人追加被告的申請，使上訴人感到原審法院從一開始就在保護被上訴人；②上訴人要求被上訴人變更其企業名稱的訴訟請求有法律依據，但是原審法院卻在認定被上訴人的行為構成侵犯商標權和不正當競爭之後，又沒有支持上訴人的訴訟請求，這是錯誤的，讓人難以理解；③原審判決認定事實與判決結果前後矛盾，即在認定被上訴人構成侵犯商標權和不正當競爭行為之後，僅判決被上訴人不得突出使用「良子」和不得使用含有「良子」的企業簡稱，也就明確告訴被上訴人使用全稱是合法的，這是使用模糊性的語言變相的保護被上訴人的侵權行為。

亞運良子國貿橋分店對原審判決認定上訴人「良子」圖文組合商標具有較高的知名度有異議，並認為其開業時間短而原審判決賠償數額偏高，但並未提起上訴。

本院查明的事實與原審基本相同。本院另查明以下事實：

1998 年 12 月 28 日，新疆良子健身有限公司經核准註冊了第 1235891 號「良子」圖文組合商標，核定服務項目是第 42 類推拿、按摩。1999 年 1 月 18 日，新疆良子健身有限公司將第 1235891 號註冊商標許可給上訴人台聯良子公司獨佔使用，並於 2002 年 2 月 22 日經商標局核准將該註冊商標轉讓給台聯良子公司。

亞運良子國貿橋分店系亞運良子中心的分支機構，其成立於 2003 年 11 月 12 日，領有營業執照並擁有資金 10 萬元，且於 2004 年 6 月 11 日取得洗浴(僅限足浴)的衛生許可證。亞運良子國貿橋分店在其戶外牌匾、員工名片、打折票、宣傳手冊、打火機上分別使用了「亞運良子」、「北京亞運良子健身中心國貿橋分店「、「北京亞運良子國貿橋分店」、「國貿亞運良子健身服務中心」、「良子」、「亞運良子(國貿店)」等字樣。

亞運良子中心成立於 2001 年 4 月 27 日，並於 2002 年 8 月 7 日與上訴人簽訂了《連鎖加盟合約》。該合約約定：台聯良子公司授權亞運良子中心作為「良子健身連鎖系統」的加盟成員；亞運良子中心享有使用「良子」商標(包括文字和圖形)和商號(包括外觀設計)的權利，但該項權利只能在其位於朝陽區北四環中路 8 號(運動員餐廳)內的加盟店中及店外的招牌上使用，不得在與加盟店無關的其他場合使用。

本院認為：台聯良子公司 1999 年 1 月 18 日成為第 1235891 號「良子」圖文組合商標的獨佔使用人，並於 2002 年 2 月 22 日成為該商標的專用權人，因此台聯良子公司有權對 1999 年 1 月 18 日之後的侵犯該註冊商標專用權的行為提起訴訟。

2003 年 11 月以來，亞運良子國貿橋分店未經許可在其經營足部保健和足療活動中將台聯良子公司商標中的「良子」二字作為其企業名稱中的字型大小突出使用在其戶外牌匾等宣傳資料中，容易導致相關消費者誤認為其與台聯良子公司之間存在關聯聯繫，因此其行為侵犯了台聯良子公司的商標權。

由於台聯良子公司的「良子」商標在同行業中享有一定的知名度，因此亞運良子國貿橋分店在其宣傳資料上使用其全稱的簡化形式，容易使相關消費者誤認為其與台聯良子公司之間具有連鎖或者其他關聯關係，其行為構成不正當競爭行為。

亞運良子國貿橋分店雖然不是獨立的企業法人，而是亞運良子中心的分支機構，但是其領有營業執照，有一定的組織機構和財產，能夠對其行為承擔責任，因此依照民事訴訟法的有關規定可以作為當事人參加本案訴訟，原審法院不予追加被告的決定符合法律規定，台聯良子公司的上訴理由不能成立；而且關於亞運良子中心是否超出《連鎖加盟合約》的約定開設分店的問題，台聯良子公司應當另案解決，不屬於本案審理範圍。亞運良子國貿橋分店作為亞運良子中心下屬的經營實體，其在使用企業名稱時依照相關法律規定必須冠以其開辦單位的全稱，因此台聯良子公司要求亞運良子國貿橋分店變更其企業全稱的訴訟請求，無法律依據，本院不予支持。

綜上，上訴人台聯良子公司所提上訴理由不能成立，其上訴請求本院不予支持。原審判決認定事實清楚，證據充分，適用法律正確，判決結果並無不當，應予維持。依照《民事訴訟法》第一百五十三條第一款第(一)項之規定，判決如下：

駁回上訴，維持原判。

71
洗衣連鎖加盟案例

上訴人(原審被告)付春江：男，漢族，1973年3月21日出生，住所地上海市國貨路160號。

被上訴人(原審原告)上海象王洗衣有限公司，住所地：上海市法華鎮路511號。

上訴人付春江因連鎖加盟合約糾紛不服上海市第一中級人民法院(2003)滬一中民五(知)初字第123號民事判決，向本院提起上訴。本案現已審理終結。

原審法院經審理查明，象王洗衣器材有限公司系「象王」商標的註冊人，商標註冊號為1507834，核定服務項目為第37類，包括燙衣服、清潔衣服、乾洗等等。該商標圖形的主體部份為兩個同心圓，內圓中有一隻小象，圖形右側有「象王」二字。2001年1月14日，象王洗衣器材有限公司許可上海象王洗衣有限公司(以下簡稱象王公司)使用上述商標，該許可合約並經國家工商行政管理局商標局備案。同年12月10日，象王公司與付春江簽訂《象王連鎖加盟合約》，合約第二條第1項至第3項約定:「加盟商加盟本連鎖加盟體系的範圍是公司的管理模式、洗衣技術及其系列服務產品。加盟商經營期限從2003年1月1日至2006年12月31日止，為期5年，級別為小型店。

加盟商經營區域限上海市黃浦區國貨路160號，嚴禁跨區域經營。加盟商如需跨區域經營，應在所跨區域內另立加盟商資格，並按加盟程序申請。」

合約第十五條約定：「所有帶有表示(象王「洗得好」標識，圖略)有關標記、標識，均屬公司所有。在未經公司事先書面許可，加盟商不得註冊公司的或與公司有關的企業任何標記，亦不得使用公司提供的標記於本合約以外的任何標記。」該處的標識主體部份亦為兩個同心圓，內圈中有一隻小象，內外圈之間有「台灣象王國際集團」字樣，圖形右側有「象王洗得好」字樣。該條第6項約定：「如果加盟商違反以上五條規定，公司有權終止合約，品牌保證金作違約金不予退還；並保留追究加盟商賠償責任的權利。」此外，該合約還對連鎖加盟收費、供貨與結算方式、加盟商權利、義務等作出約定。

2001年12月16日，付春江在上述位址開設個人經營的上海市黃浦區象王洗衣店(以下簡稱象王黃浦店)，開始從事相關營業活動。2002年3月6日，象王黃浦店與案外人陳靜珠簽訂《合作合約》，約定雙方在本市靜安區新閘路777弄1號底樓共同開設「達安城物業象王洗衣服務部」(以下簡稱達安城服務部)，由陳靜珠負責服務部內部衣物保管及與小區業主之間業務關係，象王黃浦店負責承接洗滌該服務部接收的衣物。合約還約定由象王黃浦店負責該服務部的門頭燈箱、價目表及宣傳廣告的製作和安裝，陳靜珠需支付象王黃浦店品牌保證金人民幣3000元，以維護象王公司的形象與聲譽。該服務部門口及內部份別設有帶有象王標識圖案的門頭燈箱、價目表和招牌，上有

「台灣象王洗衣」、「洗不掉找象王」等字樣。庭審中，付春江確認象王公司曾向其交付並安裝了一套洗衣電腦軟體。

另查明，2002年2月6日，象王公司召開上海地區加盟商例會，象王黃浦店員工黃文娟受委派參加會議，並在會議紀要上簽名。會議紀要稱，象王公司將對加盟商的有關違約行為「自2002年2月18日起做出如下統一管理和處罰……未經公司同意，擅自在易耗品、宣傳促銷單等物品上，複製、印刷象王商標、標識的，一經發現，公司將直接取消其加盟資格，沒收品牌保證金，並將追究印刷單位商標侵權的法律責任。」此外，象王公司與案外人上海欣聯實業有限公司曾簽訂合約1份，租用該公司位於本市人民路864號內的一個櫃檯作為其放在該處受理收發洗滌衣物的服務點，合約期限自2002年2月22日至12月31日。該服務點由付春江經營。2003年4月26日、6月24日，象王公司員工在其網站的「象王企業論壇」上以版主的身份回答提問時稱，總部「完全主張(加盟商)和各小區物業聯繫，在小區內以物業做(作)為代收點」;「總部建議加盟店……直接與上檔次物業聯繫，擴大知名度」等。

原審法院認為，雙方當事人簽訂的《象王連鎖加盟合約》系連鎖加盟合約，是雙方真實意思的表示，且於法無悖，該合約應為有效合約，雙方均應恪守。連鎖加盟合約的特許者應當將自己擁有的商標、商號、產品、技術、經營模式等授予被特許者使用，被特許者應當按合約約定的範圍和標準開展經營活動，規範使用特許者授權的各項知識產權，維護連鎖體系的名譽及統一形象。該院認為：

⑴付春江與他人合作開設達安城服務部的行為，違反了合約中關於限制跨區域經營的約定。理由為：①達安城服務部由付春江與案外人共同設立，付春江為此收取了案外人的品牌保證金，且該部有固定的場地和僱員，門口設有招牌和服務價目表等，其設立該服務部的行為是一種經營行為；②《象王連鎖加盟合約》明確限定了付春江的經營區域限於上海市黃浦區國貨路 160 號，嚴禁跨區域經營，還約定如其跨區域經營應按加盟程序申請。就人民路代收點的事實，只能證明象王公司對該代收點的設立是許可的，但不能被擴大理解為象王公司對付春江開設任何代收點的行為均予以認可；③即使象王公司在論壇上明確表示支持加盟商與物業合作設立代收點，付春江也沒有提供相應的證據表明象王公司放棄了對加盟商跨區域經營履行申請程序並徵得公司同意的要求，加盟商在約定經營範圍以外開展經營活動仍應按照合約約定的條件和程序進行。

⑵達安城服務部系付春江違反約定私自設立的經營點，其在該部使用帶有象王標識的門頭燈箱、價目表、室內招牌顯然超出了約定的使用範圍，缺乏合約依據，系違規使用象王標識。

⑶根據《象王連鎖加盟合約》第十五條第 6 項規定，應理解為「如果加盟商違反以上五條規定，公司有權終止合約，品牌保證金作違約金不予退還；並保留追究加盟商賠償責任的權利。」因此，該條款屬雙方對解除合約的條件的約定，明確了象王公司可以單方面終止合約權利義務的情形。此外，2002 年 2 月的加盟商例會會議紀要中亦重申了擅自違規使用標識將導致加盟資格的取消。因此，付春江的上述行為符合加盟合約第

十五條第五項約定的情形，導致合約解除條件成熟，象王公司請求行使合約解除權於法有據。據此，依照《中華人民共和國合約法》第九十三條第二款、第九十七條之規定，判決：①解除上海象王洗衣有限公司與付春江簽訂的《象王連鎖加盟合約》;②付春江立即卸載並停止使用上海象王洗衣有限公司交付的洗衣電腦軟體。案件受理費 1000 元，由付春江負擔。

一審判決後，付春江不服，向本院提起上訴。其上訴理由為：被上訴人象王公司系註冊資金僅為人民幣 30 萬元的有限責任公司，但為達到招攬加盟商的目的，對外進行虛假宣傳並隱瞞真實情況，誘使上訴人不明真相加盟被上訴人的連鎖店，其行為應屬欺詐，故請求二審法院撤銷原審判決，確認雙方簽訂的《象王連鎖加盟合約》為無效合約，一、二審訴訟費由被上訴人承擔。

被上訴人象王公司答辯稱：上訴人提出的上訴理由與一審判決沒有關聯性，其有關請求確認加盟合約無效的上訴理由實已超出二審的審理範圍，且沒有相關的事實法律依據。一審法院認定事實清楚、適用法律正確，故請求二審法院駁回上訴，維持原判。

二審期間，上訴人付春江提供如下證據：

⑴象王公司對外發佈的 3 份宣傳資料。

⑵《北京現代商報》於 2002 年 8 月 8 日發佈的題為《價值 10 萬元的設備由家用洗衣機改裝，技術支援為初級技工——上海「象王」欺詐北京「象王」?》的文章。

⑶有關 2003 年度台灣象王連鎖上海市優秀加盟店表彰會

的照片。

⑷上海市工商行政管理局長寧分局於 2003 年 8 月 26 日出具的給舉報人許立軍的回函。

上述證據中，證據⑴～⑵證明象王公司以國際集團名稱對外作虛假宣傳，吸引不明真相的投資人加盟。證據⑶證明照片中顯示的標識系被上訴人在「象王」註冊商標上擅自加上象王國際集團等字樣變造而成，旨在招攬加盟商。證據⑷證明工商局已認定象王公司有發佈虛假廣告之嫌。

被上訴人象王公司質證認為，由於上述證據均不符合最高人民法院《關於民事證據的若干規定》中「二審新證據」範圍，且與本案無關聯性，故均不予質證。

本院對上訴人付春江提供的新的證據材料認證如下：關於證據⑴、⑵、⑶，由於該些證據在一審階段已經形成，也就是說上訴人應當且能夠在一審階段提供，且被上訴人不願質證，故該些證據不符合民事訴訟證據規則中「二審新證據」的範圍，本院不予採納。關於證據⑷，由於該回函系上海市工商行政管理局長寧分局於 2003 年 8 月 26 日出具，即一審庭審以後新出現的證據，但由於該回函系工商局向案外人情況反映所作的答覆意見，其中也僅涉及對象王公司的「中國總部」之說進行立案調查，而與本案的爭議焦點即上訴人付春江是否違反了《象王連鎖加盟合約》的約定以及被上訴人提出的解除合約的條件是否成熟，並無關聯性，對此本院亦不予採納。

據此，本院確認，原審法院認定的事實屬實。

本院認為：連鎖加盟是指特許者將自己所擁有的商標(包括

服務商標)、商號、產品、專利和專有技術、經營模式等以連鎖加盟合約的形式授予受許者使用。受許者按合約規定，在特許者統一的業務管理模式下從事經營活動，並向特許者支付相應的費用。本案上訴人與被上訴人之間簽訂的《象王連鎖加盟合約》是雙方當事人自願簽訂的真實意思表示，其內容未違反有關法律規定，故該連鎖加盟合約合法有效，雙方當事人均應按照合約約定的權利義務全面履行合約，違反合約規定的行為即為違約行為。根據連鎖加盟合約的規定，特許者即象王公司將象王洗衣連鎖加盟權授予上訴人付春江，獲得連鎖加盟權的上訴人按照連鎖加盟合約的規定即在國貨路 160 號設立特許點，開展經營活動，且合約中特別約定嚴禁跨區域經營。根據本案查證的事實，上訴人未經被上訴人許可，擅自與他人合作開設達安城服務部，且在該處使用帶有象王標識的招牌、燈箱和價目表等行為，明顯違反了合約的約定，破壞了象王洗衣連鎖加盟體系形象的統一性、完整性，損害了作為特許者的被上訴人的合法利益，上述行為符合連鎖加盟合約中當事人約定解除條款的規定，故在此前提下，被上訴人作為特許者有權行使解約權即終止連鎖加盟合約並取消上訴人的連鎖加盟資格。原審法院據此判決雙方當事人解除《象王連鎖加盟合約》，判令上訴人卸載和停止使用象王公司的洗衣電腦軟體並無不當，應予維持。

關於上訴人二審期間提出的被上訴人進行虛假宣傳並隱瞞真實情況，誘使上訴人加盟被上訴人的連鎖店，其行為應屬欺詐，並由此要求確認《象王連鎖加盟合約》為無效合約的理由，本院認為，有關這一節主張，由於上訴人未在一審期間作為反訴請求向原審法院提出，根據我國民事訴訟法的有關規定，現二審中再行提出實已超出本案二審的審理範圍，對此本院不予受理。

綜上，原審法院審判程序合法，認定事實清楚，適用法律正確，應予維持。依照《民事訴訟法》第一百五十三條第一款第(一)項、第一百五十八條之規定，判決如下：

駁回上訴，維持原判。

心得欄

146	主管階層績效考核手冊	360 元
147	六步打造績效考核體系	360 元
148	六步打造培訓體系	360 元
149	展覽會行銷技巧	360 元
150	企業流程管理技巧	360 元
152	向西點軍校學管理	360 元
154	領導你的成功團隊	360 元
155	頂尖傳銷術	360 元
160	各部門編制預算工作	360 元
163	只為成功找方法，不為失敗找藉口	360 元
167	網路商店管理手冊	360 元
168	生氣不如爭氣	360 元
170	模仿就能成功	350 元
176	每天進步一點點	350 元
181	速度是贏利關鍵	360 元
183	如何識別人才	360 元
184	找方法解決問題	360 元
185	不景氣時期，如何降低成本	360 元
186	營業管理疑難雜症與對策	360 元
187	廠商掌握零售賣場的竅門	360 元
188	推銷之神傳世技巧	360 元
189	企業經營案例解析	360 元
191	豐田汽車管理模式	360 元
192	企業執行力（技巧篇）	360 元
193	領導魅力	360 元
198	銷售說服技巧	360 元
199	促銷工具疑難雜症與對策	360 元
200	如何推動目標管理（第三版）	390 元
201	網路行銷技巧	360 元
204	客戶服務部工作流程	360 元
206	如何鞏固客戶（增訂二版）	360 元
208	經濟大崩潰	360 元
215	行銷計劃書的撰寫與執行	360 元
216	內部控制實務與案例	360 元
217	透視財務分析內幕	360 元
219	總經理如何管理公司	360 元
222	確保新產品銷售成功	360 元
223	品牌成功關鍵步驟	360 元
224	客戶服務部門績效量化指標	360 元

226	商業網站成功密碼	360 元
228	經營分析	360 元
229	產品經理手冊	360 元
230	診斷改善你的企業	360 元
232	電子郵件成功技巧	360 元
234	銷售通路管理實務〈增訂二版〉	360 元
235	求職面試一定成功	360 元
236	客戶管理操作實務〈增訂二版〉	360 元
237	總經理如何領導成功團隊	360 元
238	總經理如何熟悉財務控制	360 元
239	總經理如何靈活調動資金	360 元
240	有趣的生活經濟學	360 元
241	業務員經營轄區市場（增訂二版）	360 元
242	搜索引擎行銷	360 元
243	如何推動利潤中心制度（增訂二版）	360 元
244	經營智慧	360 元
245	企業危機應對實戰技巧	360 元
246	行銷總監工作指引	360 元
247	行銷總監實戰案例	360 元
248	企業戰略執行手冊	360 元
249	大客戶搖錢樹	360 元
250	企業經營計劃〈增訂二版〉	360 元
252	營業管理實務（增訂二版）	360 元
253	銷售部門績效考核量化指標	360 元
254	員工招聘操作手冊	360 元
256	有效溝通技巧	360 元
257	會議手冊	360 元
258	如何處理員工離職問題	360 元
259	提高工作效率	360 元
261	員工招聘性向測試方法	360 元
262	解決問題	360 元
263	微利時代制勝法寶	360 元
264	如何拿到 VC（風險投資）的錢	360 元
267	促銷管理實務〈增訂五版〉	360 元
268	顧客情報管理技巧	360 元

編號	書名	定價
269	如何改善企業組織績效〈增訂二版〉	360 元
270	低調才是大智慧	360 元
272	主管必備的授權技巧	360 元
275	主管如何激勵部屬	360 元
276	輕鬆擁有幽默口才	360 元
277	各部門年度計劃工作（增訂二版）	360 元
278	面試主考官工作實務	360 元
279	總經理重點工作（增訂二版）	360 元
282	如何提高市場佔有率（增訂二版）	360 元
283	財務部流程規範化管理（增訂二版）	360 元
284	時間管理手冊	360 元
285	人事經理操作手冊（增訂二版）	360 元
286	贏得競爭優勢的模仿戰略	360 元
287	電話推銷培訓教材（增訂三版）	360 元
288	贏在細節管理（增訂二版）	360 元
289	企業識別系統 CIS（增訂二版）	360 元
290	部門主管手冊（增訂五版）	360 元
291	財務查帳技巧（增訂二版）	360 元
292	商業簡報技巧	360 元
293	業務員疑難雜症與對策（增訂二版）	360 元
294	內部控制規範手冊	360 元
295	哈佛領導力課程	360 元
296	如何診斷企業財務狀況	360 元
297	營業部轄區管理規範工具書	360 元
298	售後服務手冊	360 元
299	業績倍增的銷售技巧	400 元
300	行政部流程規範化管理（增訂二版）	400 元
302	行銷部流程規範化管理（增訂二版）	400 元
303	人力資源部流程規範化管理（增訂四版）	420 元
304	生產部流程規範化管理（增訂二版）	400 元
305	績效考核手冊(增訂二版)	400 元
307	招聘作業規範手冊	420 元
308	喬・吉拉德銷售智慧	400 元
309	商品鋪貨規範工具書	400 元
310	企業併購案例精華(增訂二版)	420 元
311	客戶抱怨手冊	400 元
312	如何撰寫職位說明書(增訂二版)	400 元
313	總務部門重點工作（增訂三版）	400 元
314	客戶拒絕就是銷售成功的開始	400 元
315	如何選人、育人、用人、留人、辭人	400 元
316	危機管理案例精華	400 元
317	節約的都是利潤	400 元
318	企業盈利模式	400 元
319	應收帳款的管理與催收	420 元
320	總經理手冊	420 元
321	新產品銷售一定成功	420 元
322	銷售獎勵辦法	420 元
323	財務主管工作手冊	420 元
324	降低人力成本	420 元
325	企業如何制度化	420 元
326	終端零售店管理手冊	420 元
327	客戶管理應用技巧	420 元
328	如何撰寫商業計畫書（增訂二版）	420 元
329	利潤中心制度運作技巧	420 元
330	企業要注重現金流	420 元

《商店叢書》

編號	書名	定價
18	店員推銷技巧	360 元
30	特許連鎖業經營技巧	360 元
35	商店標準操作流程	360 元
36	商店導購口才專業培訓	360 元
37	速食店操作手冊〈增訂二版〉	360 元
38	網路商店創業手冊〈增訂二版〉	360 元

40	商店診斷實務	360 元
41	店鋪商品管理手冊	360 元
42	店員操作手冊（增訂三版）	360 元
44	店長如何提升業績〈增訂二版〉	360 元
45	向肯德基學習連鎖經營〈增訂二版〉	360 元
47	賣場如何經營會員制俱樂部	360 元
48	賣場銷量神奇交叉分析	360 元
49	商場促銷法寶	360 元
53	餐飲業工作規範	360 元
54	有效的店員銷售技巧	360 元
55	如何開創連鎖體系〈增訂三版〉	360 元
56	開一家穩賺不賠的網路商店	360 元
57	連鎖業開店複製流程	360 元
58	商鋪業績提升技巧	360 元
59	店員工作規範（增訂二版）	400 元
61	架設強大的連鎖總部	400 元
62	餐飲業經營技巧	400 元
63	連鎖店操作手冊(增訂五版)	420 元
64	賣場管理督導手冊	420 元
65	連鎖店督導師手冊（增訂二版）	420 元
67	店長數據化管理技巧	420 元
68	開店創業手冊〈增訂四版〉	420 元
69	連鎖業商品開發與物流配送	420 元
70	連鎖業加盟招商與培訓作法	420 元
71	金牌店員內部培訓手冊	420 元
72	如何撰寫連鎖業營運手冊〈增訂三版〉	420 元
73	店長操作手冊（增訂七版）	420 元
74	連鎖企業如何取得投資公司注入資金	420 元
75	特許連鎖業加盟合約（增訂二版）	420 元

《工廠叢書》

15	工廠設備維護手冊	380 元
16	品管圈活動指南	380 元
17	品管圈推動實務	380 元
20	如何推動提案制度	380 元
24	六西格瑪管理手冊	380 元
30	生產績效診斷與評估	380 元
32	如何藉助 IE 提升業績	380 元
38	目視管理操作技巧(增訂二版)	380 元
46	降低生產成本	380 元
47	物流配送績效管理	380 元
51	透視流程改善技巧	380 元
55	企業標準化的創建與推動	380 元
56	精細化生產管理	380 元
57	品質管制手法〈增訂二版〉	380 元
58	如何改善生產績效〈增訂二版〉	380 元
68	打造一流的生產作業廠區	380 元
70	如何控制不良品〈增訂二版〉	380 元
71	全面消除生產浪費	380 元
72	現場工程改善應用手冊	380 元
77	確保新產品開發成功（增訂四版）	380 元
79	6S 管理運作技巧	380 元
83	品管部經理操作規範〈增訂二版〉	380 元
84	供應商管理手冊	380 元
85	採購管理工作細則〈增訂二版〉	380 元
87	物料管理控制實務〈增訂二版〉	380 元
88	豐田現場管理技巧	380 元
89	生產現場管理實戰案例〈增訂三版〉	380 元
92	生產主管操作手冊(增訂五版)	420 元
93	機器設備維護管理工具書	420 元
94	如何解決工廠問題	420 元
96	生產訂單運作方式與變更管理	420 元
97	商品管理流程控制(增訂四版)	420 元
99	如何管理倉庫〈增訂八版〉	420 元
100	部門績效考核的量化管理（增訂六版）	420 元
101	如何預防採購舞弊	420 元
102	生產主管工作技巧	420 元

103	工廠管理標準作業流程〈增訂三版〉	420 元
104	採購談判與議價技巧〈增訂三版〉	420 元
105	生產計劃的規劃與執行（增訂二版）	420 元
106	採購管理實務〈增訂七版〉	420 元
107	如何推動 5S 管理（增訂六版）	420 元

《醫學保健叢書》

1	9 週加強免疫能力	320 元
3	如何克服失眠	320 元
4	美麗肌膚有妙方	320 元
5	減肥瘦身一定成功	360 元
6	輕鬆懷孕手冊	360 元
7	育兒保健手冊	360 元
8	輕鬆坐月子	360 元
11	排毒養生方法	360 元
13	排除體內毒素	360 元
14	排除便秘困擾	360 元
15	維生素保健全書	360 元
16	腎臟病患者的治療與保健	360 元
17	肝病患者的治療與保健	360 元
18	糖尿病患者的治療與保健	360 元
19	高血壓患者的治療與保健	360 元
22	給老爸老媽的保健全書	360 元
23	如何降低高血壓	360 元
24	如何治療糖尿病	360 元
25	如何降低膽固醇	360 元
26	人體器官使用說明書	360 元
27	這樣喝水最健康	360 元
28	輕鬆排毒方法	360 元
29	中醫養生手冊	360 元
30	孕婦手冊	360 元
31	育兒手冊	360 元
32	幾千年的中醫養生方法	360 元
34	糖尿病治療全書	360 元
35	活到 120 歲的飲食方法	360 元
36	7 天克服便秘	360 元
37	為長壽做準備	360 元
39	拒絕三高有方法	360 元
40	一定要懷孕	360 元
41	提高免疫力可抵抗癌症	360 元
42	生男生女有技巧〈增訂三版〉	360 元

《培訓叢書》

11	培訓師的現場培訓技巧	360 元
12	培訓師的演講技巧	360 元
15	戶外培訓活動實施技巧	360 元
17	針對部門主管的培訓遊戲	360 元
21	培訓部門經理操作手冊（增訂三版）	360 元
23	培訓部門流程規範化管理	360 元
24	領導技巧培訓遊戲	360 元
26	提升服務品質培訓遊戲	360 元
27	執行能力培訓遊戲	360 元
28	企業如何培訓內部講師	360 元
29	培訓師手冊（增訂五版）	420 元
30	團隊合作培訓遊戲(增訂三版)	420 元
31	激勵員工培訓遊戲	420 元
32	企業培訓活動的破冰遊戲（增訂二版）	420 元
33	解決問題能力培訓遊戲	420 元
34	情商管理培訓遊戲	420 元
35	企業培訓遊戲大全(增訂四版)	420 元
36	銷售部門培訓遊戲綜合本	420 元
37	溝通能力培訓遊戲	420 元

《傳銷叢書》

4	傳銷致富	360 元
5	傳銷培訓課程	360 元
10	頂尖傳銷術	360 元
12	現在輪到你成功	350 元
13	鑽石傳銷商培訓手冊	350 元
14	傳銷皇帝的激勵技巧	360 元
15	傳銷皇帝的溝通技巧	360 元
19	傳銷分享會運作範例	360 元
20	傳銷成功技巧（增訂五版）	400 元
21	傳銷領袖（增訂二版）	400 元
22	傳銷話術	400 元
23	如何傳銷邀約	400 元

《幼兒培育叢書》

1	如何培育傑出子女	360 元

2	培育財富子女	360 元
3	如何激發孩子的學習潛能	360 元
4	鼓勵孩子	360 元
5	別溺愛孩子	360 元
6	孩子考第一名	360 元
7	父母要如何與孩子溝通	360 元
8	父母要如何培養孩子的好習慣	360 元
9	父母要如何激發孩子學習潛能	360 元
10	如何讓孩子變得堅強自信	360 元

《成功叢書》

1	猶太富翁經商智慧	360 元
2	致富鑽石法則	360 元
3	發現財富密碼	360 元

《企業傳記叢書》

1	零售巨人沃爾瑪	360 元
2	大型企業失敗啟示錄	360 元
3	企業併購始祖洛克菲勒	360 元
4	透視戴爾經營技巧	360 元
5	亞馬遜網路書店傳奇	360 元
6	動物智慧的企業競爭啟示	320 元
7	CEO 拯救企業	360 元
8	世界首富　宜家王國	360 元
9	航空巨人波音傳奇	360 元
10	傳媒併購大亨	360 元

《智慧叢書》

1	禪的智慧	360 元
2	生活禪	360 元
3	易經的智慧	360 元
4	禪的管理大智慧	360 元
5	改變命運的人生智慧	360 元
6	如何吸取中庸智慧	360 元
7	如何吸取老子智慧	360 元
8	如何吸取易經智慧	360 元
9	經濟大崩潰	360 元
10	有趣的生活經濟學	360 元
11	低調才是大智慧	360 元

《DIY 叢書》

1	居家節約竅門 DIY	360 元
2	愛護汽車 DIY	360 元
3	現代居家風水 DIY	360 元
4	居家收納整理 DIY	360 元
5	廚房竅門 DIY	360 元
6	家庭裝修 DIY	360 元
7	省油大作戰	360 元

《財務管理叢書》

1	如何編制部門年度預算	360 元
2	財務查帳技巧	360 元
3	財務經理手冊	360 元
4	財務診斷技巧	360 元
5	內部控制實務	360 元
6	財務管理制度化	360 元
8	財務部流程規範化管理	360 元
9	如何推動利潤中心制度	360 元

分類

為方便讀者選購，本公司將一部分上述圖書又加以專門分類如下：

《主管叢書》

1	部門主管手冊（增訂五版）	360 元
2	總經理手冊	420 元
4	生產主管操作手冊（增訂五版）	420 元
5	店長操作手冊（增訂六版）	420 元
6	財務經理手冊	360 元
7	人事經理操作手冊	360 元
8	行銷總監工作指引	360 元
9	行銷總監實戰案例	360 元

《總經理叢書》

1	總經理如何經營公司(增訂二版)	360 元
2	總經理如何管理公司	360 元
3	總經理如何領導成功團隊	360 元
4	總經理如何熟悉財務控制	360 元
5	總經理如何靈活調動資金	360 元
6	總經理手冊	420 元

《人事管理叢書》

1	人事經理操作手冊	360 元
2	員工招聘操作手冊	360 元
3	員工招聘性向測試方法	360 元
5	總務部門重點工作（增訂三版）	400 元
6	如何識別人才	360 元
7	如何處理員工離職問題	360 元

8	人力資源部流程規範化管理（增訂四版）	420 元
9	面試主考官工作實務	360 元
10	主管如何激勵部屬	360 元
11	主管必備的授權技巧	360 元
12	部門主管手冊（增訂五版）	360 元

《理財叢書》

1	巴菲特股票投資忠告	360 元
2	受益一生的投資理財	360 元
3	終身理財計劃	360 元
4	如何投資黃金	360 元
5	巴菲特投資必贏技巧	360 元
6	投資基金賺錢方法	360 元
7	索羅斯的基金投資必贏忠告	360 元
8	巴菲特為何投資比亞迪	360 元

《網路行銷叢書》

1	網路商店創業手冊〈增訂二版〉	360 元
2	網路商店管理手冊	360 元
3	網路行銷技巧	360 元
4	商業網站成功密碼	360 元
5	電子郵件成功技巧	360 元
6	搜索引擎行銷	360 元

《企業計劃叢書》

1	企業經營計劃〈增訂二版〉	360 元
2	各部門年度計劃工作	360 元
3	各部門編制預算工作	360 元
4	經營分析	360 元
5	企業戰略執行手冊	360 元

給總經理的話

總經理公事繁忙，還要設法擠出時間，赴外上課進修學習，努力不懈，力爭上游。

總經理拚命充電，但是員工呢？

公司的執行仍然要靠員工，為什麼不要讓員工一起進修學習呢？

買幾本好書，交待員工一起讀書，或是買好書送給員工當禮品。簡單、立刻可行，多好的事！

商店叢書 (75)　　售價：420 元

特許連鎖業加盟合約（增訂二版）

西元二〇一八年八月　　增訂二版一刷

編輯指導：黃憲仁

編著：謝明威

策劃：麥可國際出版有限公司（新加坡）

編輯：蕭玲

校對：劉飛娟

發行人：黃憲仁

發行所：憲業企管顧問有限公司

電話：（02）2762-2241　（03）9310960　0930872873

電子郵件聯絡信箱：huang2838@yahoo.com.tw

銀行 ATM 轉帳：合作金庫銀行　帳號：5034-717-347447

郵政劃撥：18410591　憲業企管顧問有限公司

登記證：行政業新聞局版台業字第 6380 號

本公司徵求海外版權出版代理商（0930872873）

本圖書是由憲業企管顧問（集團）公司所出版，以專業立場，為企業界提供最專業的各種經營管理類圖書。

圖書編號 ISBN：978-986-369-072-6